奇跡の船「宗谷」

昭和を走り続けた海の守り神

桜林美佐

Sakurabayashi Misa

並木書房

宗谷
SŌYA
東京

プロローグ

子供の頃は海が怖かった。理由は分からない。多分、海水浴に行った時に、溺れそうになったのが原因だろうと、親たちは解釈していた。この謎の恐怖心は何に起因しているのか、その原因を知ることになったのは、三十才を過ぎてからだった。

普段、決して近寄ることのない、お台場の「船の科学館」で、ごく少人数の集まりの司会をするために、私は朝早く家を出た。声が大きいだけが取り柄だった私に、祖母と塾の先生が、アナウンサーを目指すことを勧めたというだけで、その道を目指し、また、中学生の時に観たハリウッド映画がきっかけで、アナウンサーの中でも自分で原稿も書けるニュースキャスターになりたい、と憧れを持つようになった私は、この頃、どうにかこうにかして自分の目指したものに近づこうとしていた。

放送局には所属しないフリーという立場で、自分の望みが叶うのは、稀にみる幸せ者で、だいたいの人は生活のために仕事をするものだが、私の場合は違って、三十才からは、わが道に合わないものは引き受けないことにした。

「信じられない」と、よく言われるが、それでもなんとか生活することが可能だった。おそらくこれは、私がかなり運の良い人間であるからだ。仕事がなくなるかと思うと、新しい仕事が入り、素晴らしい人々との出会いに恵まれる。なのに、仕事が順調な時に欲を出すと、ちっとも上手くいかない。まるで、何者かに生かされているのではないか、という運の起伏の中で毎日を過ごしていた。

そんな折、驚くほど運の良い船があるという話を聞いて、興味を持った。それは「宗谷」という、南極観測に初めて行った船だ。映画「南極物語」では、天候不良でやむを得ず南極に置いて帰ってきてしまったカラフト犬のタロとジロが、一年後に再び戻ってみると、奇跡的に生きていたという、あの感動的シーンを覚えている人も多いであろう。

実は、「宗谷」という船は、「南極観測船」として世に知られてはいるものの、それ以前にもこの国に多大な貢献をした船で、生まれた時から類い稀な強運の下、その運命航路を辿り、大東亜戦争では、度重なる戦火に遭遇しながらも、日本の海軍艦艇で唯一、今もその姿を海に浮かべている船だという。

仕事先で知り合った山田健雄さんのおかげで、私はそれを知ることができた。

「山田さんのお父上は『宗谷』の初代艦長さんだったそうですね」

誰かがそう話しかけていたので、てっきり最初に南極観測に出かけた人なのか、と早合点していたら、それは戦前のことだと後で分かった。

そもそも山田さんは、元航空自衛官で、平成元年十二月に、二等空佐で定年退職している。経歴から計算すれば分かるようなものだが、算数がめっぽう苦手な私には、山田さんの父上が、旧帝国海軍軍人だったということを知るまでに時間がかかってしまった。

「お父様が『宗谷』に乗っていらっしゃったのは、いつ頃だったのですか」

「昭和十五年からです」

なるほど、「宗谷」が南極観測に出発したのは、昭和三十一年。それよりも十五年以上前に、「宗谷」はすでに海軍の艦艇として存在し、大海原を駆けていたのだ。しかし、その事実を多くの人は知らない。なぜだろう。ここにも「戦前」否定の空気があるのだろうか。

かねてより私は、現代の価値観で、過去の歩んできた歴史を評価しがちな今の風潮に疑問を抱いていた。その「過去否定」の流れで、秘密にしているわけではないにしても、「軍艦宗谷」についての話題があまり語られず、戦後の南極観測船としての功績だけが評価されるのだとしたら、せっかくそれまで残してきた「宗谷」の歴史に申し訳ないと同時に、なんとも残念なことだと思った。

私は「宗谷」の〝過去〟をどうしても知りたい、という気持ちが高まり、山田さんの紹介で海軍時代の「宗谷」乗組員の方とお会いし、連絡をとるようになっていった。

東京・お台場の「船の科学館」に「宗谷」は係留されている。大東亜戦争に参加した日本の海軍艦艇で、今なお海に浮かんでいるのは「宗谷」だけである。ここで毎年、海軍時代の「宗谷」乗組員が集まり、「軍艦宗谷会」が行われているということで、私は早速、その仲間に加えてもらいたくなった。

「宗谷」が海軍の艦艇として船出したのが、昭和十五年六月四日だったことに因み、六月最初の日曜日と決まっているこの会合。元乗組員やその家族を中心に、年に一度の「宗谷」との対面ということで、集まっているが、もはやその多くが故人となっていた。当時、まだ若かった乗組員でもすでに八十才を越えている。

長野県佐久市に住む幹事の中澤松太郎さんは、齢《よわい》八十半ばにして、会合の準備、連絡、受付、進行とあらゆることを引き受け、四苦八苦していた。そこで、何か少しでもお手伝いできればと、私は司会と受付の手伝いを「志願」することにした。「それならぜひ」と、中澤さんは歓迎してくれ、私は喋り手という自分の経験を活かして、「軍艦宗谷」に近づけることになったのだ。

小雨の降る六月最初の日曜日、お台場には若者がぞろぞろと遊びに来る。彼らにとっては「おじいちゃん」にあたる人たちが、若いカップルなどで混み合った「ゆりかもめ」に乗って来るのは、年に一度とはいえ一苦労だ。

私だとて、小学生以来、「船の科学館」には足を向けたことがなかった。小学校の社会科見学で訪れた時、海に近づいただけでなんとなく気分が悪くなってしまい、船の中には入らずに、外で休んでいたことを思い出す。思えばあの船が「宗谷」だったのだ。まさかこの年齢になって、その船に向かうことになるとは、思いもよらないことが起きるものである。あんなに苦手だったこの場所に、不得意な早起きをして、「ニュースに専念したい」などと言い訳して、最近は断っていたパーティの司会をするために、私はお台場に向けて電車を乗り継いでいた。

受付は開会の一時間前に始まる。私は、元乗組員の押尾勝男さんと参加者を待つことになった。「軍艦宗谷会」と書かれた紙を貼った机を、「船の科学館」の方がその入口に設置してくれていて、私と押尾さんがその前に座っていると、「船の科学館」を訪れた一般の家族連れなどが訝《いぶか》しげに見ていく。

毎回、集まる人数はだいたい三十人前後になるのだが、その中には、毎年必ず参加する人もいれば、これまで一度も来ることができず、何十年ぶりに「宗谷」と対面するという人もいるのだという。

「やっと来ました！」

そう言って近づいてきた男性が、外の「宗谷」をひと目見ると、たちまち涙ぐんだ。

「ずっと宗谷に会いたかったのですが、仕事を人に任せるわけにもいかなくて……」

名前を聞いて名簿の住所を見ると、静岡県である。

「最近、体を壊して手術を受けることになったのですが、それを一日延ばしてもらって、ここに来ました」

「宗谷」を愛《いと》しそうに見つめている姿を見ると、この小さな船に、どれだけ多くの人の思い出が投影されているのだろうと、「宗谷」の年輪の深さ、存在の大きさを改めて思い知る気がした。

また、遠方から来る人の中には、「一人では心配」と、子供や孫、兄弟、親戚同伴で来る人

も少なくない。その場合、周囲の人が必ずといっていいほど、

「この船があの『宗谷』ですね」

「『宗谷』の話はいつも聞いていました」

と異口同音に言う。どうやら、「宗谷」にひとたび乗った人は皆、「宗谷」のことを忘れられず、「宗谷」を下りて何十年が過ぎたとて、いまだに「宗谷」に乗り続けている気分なのだ。

こうして、私は戦前の「宗谷」に関わった人々と交流するようになった。

「軍艦宗谷」は、実に働き者で真面目で、そして凄い強運に守られていたと、多くの関係者が口を揃える。その「実績」があったからこそ、この船が南極観測船に選ばれたのだと分かった。しかし、だからと言って、やはりそれだけでは今の「宗谷」はないのである。

戦後の荒廃の中、日本の意地をみせて南極観測に躍り出た、そのことがどれほど当時の国民を勇気づけたことだろう。「もはや戦後ではない」と言われた昭和三十年代、経済は復興に向かいつつあったものの、国際社会において日本はまだまだ「敗戦国」の誹《そし》りを免れなかった。

そんな中、欧米列強と肩を並べて「南極観測へ行こう」なんてことは、身分不相応と言わざるを得ない無謀な試みだったのだ。

だがしかし、日本人が真に立ち直るためにも、馬鹿にされたまま引き下がるわけには、どうしてもいかなかった。大東亜戦争で死力を尽くした日本人の想いが、それを許さなかった。全国からの寄付金、改造工事関係者の不断の努力、そして多くの人々の祖国復興にかける気概が、とうとう戦争で草臥《くたび》れきっていた「宗谷」を、南極観測に耐え得る船への改造に成功させ、未知の世界である南極に出発させたのだ。それは国民の総意だった。

こうして「宗谷」は、日本国民と、この船に乗った全ての人々の期待を背負い、六回に渡り、南極観測船としての任務を果たしたのである。「宗谷」は、戦前・戦後と苦労をし、今の繁栄を築いてくれた「日本のお父さん」なのだ。

その役目が変わるたびに、船体が灰色になったり、オレンジ色になったり、真っ白になったりしたが、そのいずれもが「宗谷」なのであり、どれひとつとして欠かすことのできない「宗谷お父さん」の歴史なのだ。この船が引退後もスクラップされることなく、永久保存されることになったのも、「日本のお父さん」のお手本として、この国が「父親像」を忘れることのないように、という想いからだったのではと、思えてならない。

悲喜こもごもの中、昭和という激動の荒波を駆け抜けた船「宗谷」が辿った歴史を遡ってみたい。

目次

第8章 「宗谷」外伝 164

〈本文敬称略〉

第1章 「宗谷」はこうして生まれた

廃工場と老守衛

「宗谷」の誕生は南極観測船となる二十年前である。昭和十一年三月十八日、陸軍の青年将校たちが「昭和維新」を合言葉に、クーデターを企てた二・二六事件の翌月、長崎県深堀村の海岸に、人目につかぬよう用心しながら、手漕ぎ船に乗り込むひとりの男がいた。ゆっくりと対岸の香焼島《こうやぎじま》を目指して船が岸を離れる。

間もなく対岸に船をつけると、男は密かに降り立った。川南豊作《かわみなみとよさく》、三十五才。若いながらすでに経営者であった豊作には、この時、どうしてもこの島に来て、見ておきたい所があった。十二年も前に閉鎖された造船工場である。豊作は三十歳を前にして、学校を出て以来勤めていた缶詰工場を退職し、自ら工場を設立。ソーダ精製とガラス製造事業を始めたが、ガラスの製造が思うように進まず、この頃、切羽詰っていた。何か新しい事業に進出し、経営を立て直すきっかけを作れないかと、造船所の買収を思い立ったのである。しかし建て前上は、事業の経費節減のため、船による大量輸送が必要と感じ、造船工場を買収するということになっていた。

長崎県の香焼島に、明治三十七年に造られた松尾鉄工場（香焼分工場）が閉鎖されたまま放置されている。それと聞き、豊作は取るものも取りあえず、視察に来たのである。見ると、そこにあるのは荒れ果てた廃墟であった。案内人に先導され、工場跡に足を踏み入れたその時、

「何をしているんだ！」

と誰かが叫んで、こちらにやって来る。豊作たちの前に立ちはだかると、

「ここは松尾さんの工場だ。松尾さんの許可がなければ、中には入れられない！」と言う。

よく見ると、ぼろぼろの服をまとった老人で、その服もかつては守衛の服だったらしいことがかろうじて分かる。

「私たちは工場跡の視察に来たのです」

そう言って、案内人が説明しても、がんとして譲らず、動こうとしない。しばらくの押し問答で、案内人が、

「この視察は、この工場を再建するためなんですよ」

と説明して、やっとのことで中に入ることができた。

聞けば、この老人、名前は吉田三茂《よしだみつしげ》といい、元は警察官であった。定年退職後、松尾鉄工場で守衛長を務めていたが、大正時代の最盛期には従業員が千人を超える規模であった工場も、日露戦争勝利後の反動で起きた造船不況のあおりで経営が破綻、大正十四年には閉鎖に追い込まれ、自らも職を失うことになった。しかし、吉田は工場が閉鎖されてからも、毎日、誰もいなくなった工場に来て警備を続けているという。

「お世話になった松尾社長のためです」と、涼しい顔で言ってのける。

毎朝、定刻に工場に来て、ひとりで工場内と周辺の警備を行い、夕方、終業の鐘を鳴らして帰宅する。雨風の激しい日は、夜中でも見回りに来る。これを、工場閉鎖後も十年以上欠かしたことがない。たびたび海を渡っては、自ら獲ったワカメやカキなどを持ち主の松尾氏へ届けているという。収入がないせいか、外見は乞食同然であったが、その勤勉と忠節は、

豊作にとって尊敬に値する姿であった。この吉田老守衛の姿にいたく感動した豊作は、すぐにこの工場を買い取る決心をした。

松尾鉄工場は、十三万五千円の銀行担保になったまま放置されていた。三菱長崎造船所がここを半値の七万円で買い取ろうとしていたが、それで売っても借金は半分。商談が滞っている最中であった。

そこに豊作が目を付けての視察。そして決断は極めて迅速であった。「そんなに急がなくても」と言う周囲の声を押し切り、直ちに現金をかき集め、翌朝には、松尾が抱える十三万五千円という借金の全てを肩代わりして返済してしまった。

四日後に長崎で、元の持ち主である松尾孫八と面会。豊作は月給百二十円で松尾を顧問に迎え、元工場長も呼び寄せて、新しい工場には「松尾」の名を残し、「松尾造船所」とすることを約束した。この大胆、かつ情に篤い振る舞いに心打たれた松尾は、男泣きに泣いたという。しばらくして、これを知った三菱は、瞬く間に先を越された悔しさに歯軋《はぎし》りをしたというが、もはや後の祭りであった。

こうして、荒地になっていた松尾鉄工場が「松尾造船所」として復興したのは、豊作の視察からわずか四日後のことであった。早速その翌日から工場再建の第一歩である、「草刈り」

が始まり、五日間、とにかくひたすら茫々の草を刈り取り続けた。その後、機械の手入れが始まった。そしてついに、炉に火が入れられ、工場が生命を吹き返したのである。豊作も自ら工場に泊まり込み、再建の指揮を執った。そして六月には、早くも記念すべき再建後初の建造船、第一〇一番船「下松丸《くだまつまる》」が起工されたのである。

実は、この再建は実際そんなに楽なものではなかった。新しい工場に集められたのは、ほとんどが不調だったガラス工場の従業員で、船を造ったことのある者は皆無だったのだ。唯一、呼び寄せた元松尾鉄工場工場長の篠原哲十郎が奮闘し、なんとかこの素人集団をまとめあげた。ガラス工による造船工場という、奇異で、口の悪い人に言わせれば「クレイジー」な発想ではあったが、決して「行きあたりばったり」のいい加減な取組みではなかった。それはこの二十年後、思いがけず証明されることになる。

豊作が「この人こそ日本人の模範だ」と称えた吉田守衛長の顕彰碑。この老守衛との出会いが、「宗谷」誕生へとつながってゆく。

とにかく豊作は、吉田という老守衛と、ひとりの男にそこまでさせてしまう松尾という男に惚れ込んで、この造船所を買った。動機はともあれ、人間の生き方、真心の通った人と人との関係から受けた衝撃は、豊作を決心させるには十分な理由だったのだ。

その後、吉田は新工場の守衛長として、迎え入れられるが、一年あまりして急死してしまう。豊作は「この人こそ日本人の模範となるべき人物だ」と、社葬をもって丁重に弔い、その人徳をなんとしても後世に伝えるべく、造船所の一角に顕彰碑を建てた。碑文は海軍大将・大角岑生《おおすみみねお》が揮毫《きごう》している。

この一人の風変わりな守衛の生き方は、豊作の心に深く刻まれた。そしてそれは、この後生まれることになる「宗谷」にもしっかりと刻まれていくこととなった。

川南豊作という男

川南豊作もまた、一風変わった人生を歩んできた。富山県礪波《となみ》郡井口村池田で、農家の三男として生まれた豊作は、「豊作」と命名した両親の意に反して海に憧れを持った。喧嘩と、いじめられっ子の「仇討ち」に明け暮れた少年時代であったが、やがて、海への憧れが豊作に力を与え、ビリから数えたほうが早かった成績を押し上げ、県立富山水産講習所に入学する。在学中、成績はトップクラスであった。やがて大正八年に、大阪の東洋製缶に、実習生として派遣されることになる。東洋製缶は、のちに建設大臣や通産大臣となる高碕《たかさき》達之助《たつのすけ》が、設立したばかりの工場で、豊作はここで猛烈に働いた。他の職工たちより二時間も早い朝六時に出勤し、終業時間をはるかに過ぎた、夜十一時くらいまで休む間もなく働いた。

「宗谷」の生みの親・川南豊作。彼の日本を良くしたいとの思いは終生変わることはなかった。

そして関東大震災が起きた翌年の大正十三年、豊作は先輩とともにアメリカ研修に出る。三カ月の研修期間を終えると、豊作は滞在期間の延長を手紙で願い出た。「費用は自分で持つから」と強く希望し、結局、翌年の大正十四年四月までアメリカで過ごした。この間、缶詰製造のノウハウ、見たもの全てをメモにとり徹底的に頭に叩き込むと、帰国後、豊作のアイディアやバイタリティはさらに重宝がられ、昭和四年には、福岡・戸畑の新工場の建設を任せられることになる。

若くして工場長となった豊作に、ここでもうひとつ大きな出来事が起きた。若松の「川原組」という、石炭を船に積み込む人足の元締めの長女、十才年下の川原春江に出会い、一目惚れしたのだ。そして二年後の昭和六年に結婚。それから間もない四カ月後、「ドイツのような大製鉄所を建設したい」と大きな夢を抱き、東洋製缶を退職してしまう。

新婚早々、しかも世の中は昭和の大恐慌真っ只中、翌年には長女の幸子が誕生するという、普通なら最も守勢に入るであろう時期に、豊作はあえて自分自身に挑戦したのだった。

しかし、周囲の心配もよそに、豊作独立後の最初の試みは大当たりした。それが、当時としては斬新な発想で、鰯とトマトを合わせた逸品、トマトサーディン缶詰であった。これが、国内だけでなく、ヨーロッパでも人気を博し、大成功を収めた。これに飽き足らなくなった豊作は、新たにソーダとガラスの製造に乗り出すことになる。が、ソーダの精製には成功したものの、ガラスの製造の方は上手く運ばず、壁にぶち当たってしまった。

「何かに活路を見出すことはできないか」と暗中模索する中で、たまたま造船に行き当たったのである。確かに偶然ではあったが、そもそも「海」への憧れが強かったことを考えれば、心のどこかで「海」や「船」を求めていたということもあるのかもしれない。

とにかく、運命の糸が豊作を香焼島に引き寄せたのだ。そしてそこで、人生の手本、吉田三茂という老守衛と出会ったことが、豊作の心を動かし、運命を決定づけたのである。

こうして松尾造船所が誕生して、まもなく大きな仕事が飛び込んできた。沼田というブローカーが持ち込んできたもので、ソビエト連邦からの仕事であった。この頃、ソ連はカムチャツカ半島沿岸で使用する、音響測深儀を装備した砕氷型貨物船三隻を、一緒に建造できる造船所を探していた。そこで、再建されたばかりの松尾造船所にも話が持ちかけられたのだ。

川南工業香焼島造船所。豊作が初めて訪れた時、荒れ果てた廃墟だった。ここで「宗谷」は生まれる。

すでに自社船として「下松丸」を竣工していた松尾造船所ではあったが、この話が上手くいけば、事実上、外部から初の受注となる。しかも三隻まとめての受注である。実現すれば、たちまち実績が上がり、なにより従業員の士気にも大きく関わるであろう。

豊作としては、なんとかこの話をまとめたかった。

見積書は他に、熊谷鉄工所、造船連合会などが提出していたが、ぎりぎりの見積もりで、これに挑み、入札の結果、落札に成功した。そして昭和十一年九月十八日、総額約三百万円程度の、当時としても格安の値段で契約を結ぶことになった。この契約成功で勢いをつけた豊作は、その直後の九月二十七日、ガラス工場、水産加工場、松尾造船所を含めて事業を統合し、資本金五百万円で、あれよと言う間に川南工業を設立してしまう。

自らが代表取締役社長となり、本格的な造船業を主力にして、豊作の新たな歴史を描き始めることになったのだ。三十才半ばにして華々しい飛躍の時であった。しかし、好事魔多し。この、ソ連との契約がのちに大変やっかいな争議を引き起こすことになるのである。

ソ連からの発注の謎

そもそも、なぜソ連が日本の造船所に自国の船を発注したのか。これまでの研究では次のように言われていた。

昭和七年三月の満洲国建国に伴い、日本は同国内にあるソ連所有の東支鉄道をなんとかして手に入れるべく交渉を行い、昭和十年三月、総額一億四千万円をソ連政府に支払うことで、交渉が成立し、協定が結ばれた。この協定金額のうち四千六百七十万円は、現金で支払われることになったが、残りの九千三百三十万円は、ソ連通商代表部が満洲国もしくは日本国内において生産、または製造の物品を購入し、その代金を満洲国が負担することとした。

早速、ソ連在日通商代表部は物品の注文を始めるが、その品目は茶葉から靴、船舶まで多種多様であり、金額も百円から百万円以上まで広範囲であった。その中にこれら三隻の船が含まれているというのが、従来の通説であった。

しかし、「船の科学館」学芸課の飯沼一雄の調査により、当時のソ連と川南の関係、船を建造する細かな工程についての詳細が明らかになっている。それによると、そもそもこの三隻の砕氷型貨物船建造については、どこを調べてもその記録に残されていないという。これほど高額な契約の記録が紛失、または見落とされるということは考えにくく、つまり一連の北満鉄道（東支鉄道から改称）譲渡の代償とは関係のない、全く別の手続きで契約されたものと考えるのが自然ではないかと、飯沼は指摘している。

それを裏付けるものとして、契約交渉にあたっていた松尾造船所の東京支配人である卜部《うらべ》信雄《のぶお》が、昭和十三年三月、外務省欧亜局で「北鉄代償物ニ非ズ」と発言した記録がある。にもかかわらず、現在までこの三隻の契約が、北満鉄道譲渡の代償と思われ続けたのはなぜなのか。時期的にそれらと重なるために混同され、外務省もそれと思い込んでいたのだろうか。

例えば、外務省外交史料館に保存されている「蘇連《それん》貨物船竣工状況ニ関スル件」他の書類の表紙には、「件名　東支鉄道関係一件　蘇満国鉄道売買交渉関係」と記され、北満鉄道譲渡の代償に関するもののごとく分類整理されているという。契約の証拠がないのに、「思い込み」で分類したのであろうか、あるいは契約の証拠を消してしまったのか、またそうであれば、なぜその必要があるのか。

またこの契約が北満鉄道とは関係ない、川南独自のものであるとすれば、なぜ日本の造船所に依頼するのか。しかも設立したばかりで、海のものとも山のものとも分からない、実績の乏しい造船会社にいくら安く受注したとはいえ、自国の船の建造を任せるものだろうか。この部分に関する資料だけが散逸している今となっては、謎の解明は推測の域を出ないのである。

しかし飯沼の調査・分析からは、ソ連を相手に奮闘する豊作とその心の揺れを垣間見ることができる。まず、昭和十一年十月三十一日、ソ連から受注した第一船は、ソ連の関係者も招いて起工される。続いて第二船、第三船に手をつけねばならないが、十分な場所もない。

資材置場に急遽造られた船台で、第107番船（のちの「宗谷」）は元ガラス工たちの手によって起工された。

そこで急遽、慌ただしく資材置場に建設された船台で起工されることになった。ソ連側からは機関技師のI・E・スメタニューク他一名が派遣され造船監督となり、つきっきりで監督にあたった。これは監督というより、監視というべきか、細部に至るまで非常に厳しく口ばしを入れる。これにひとつひとつ答えていくのは、苦労の連続であった。このため工事は遅々として進まず、耐えかねた豊作は、「工事の期限を延長して欲しい」と申し出ている。

そうこうしている間に、日本を取り巻く情勢は変わっていた。同時期の昭和十一年十一月、日本はドイツと「日独防共協定」を締結し、しだいに共産主義国・ソ連への敵対意識が高まっていくことになる。

そして昭和十二年七月七日には、盧溝橋事件が勃発。この頃から鉄材・鋼材が高騰し、入手は困難を極めた。材料の高騰に加え、砕氷型という特殊な船の製造である。経験豊かな造船所でも手間取る工事を、誕生して間もない不慣れな造船所が、短期間で三隻もこなすというのは至難の業であった。

しかも作業にあたっているのは、ついこの間までは、ガラス工場にいた者ばかりである。おまけに相変わらずソ連側からのチェックも厳しい、工事は一進一退を繰り返すばかりであった。

そうした中、昭和十二年八月十日、とうとう第一船の進水式に漕ぎ着けることができた。船の名は「ボルシェビキ（共産党員）」であった。緊迫した日々を送っていた豊作は、やっと一つ目の山を越え、息をついた。しかし、他の二隻の工事はその後も目処が立たない。豊作は、なんとか他の二隻の竣工期日を再度延長することを求め、必死の取り組みを続けざるを得なかった。

そして十月二十日、ようやく、第三船の「コムソモーレッツ（共産主義青年同盟）」を進水させるが、この時、すでにたび重なるスメタニューク監督の厳しい注文で出費が重なり、財政はぎりぎり一杯であった。

そこで豊作は、「このままでは作業を続けられない」と、契約金額の増額を申し出ることにした。するとソ連側は、意外にもこれらの要求をあっさりと受け入れるのであった。金額は三隻合計で、当初契約の二十五％増、三百十六万八千七百五十円に増額された。しかしそれでも、物価高騰のあおりで、とても割りに合うものではなかった。

ソ連には引き渡さず

そんな中、最も工事が遅れていた第二船がようやく進水式という運びとなった。昭和十三年二月十六日、船体を真っ黒に塗ったこの船は、「ボロチャエベツ（ボロチャエフの戦友）」と名付けられ、進水式を船台の上で待っていた。

この船をはじめて海上に放つのは、豊作の長女・幸子であった。髪に大きなリボンを付け、晴れ着に身を包んだ愛娘、六才になったばかりの幸子が、付添い人に連れられてゆっくり船台に近づいて来る。今日の船出の命運、これまでの労苦の最後の仕上げは六才の幸子の手に

海に放たれた「宗谷」。船体にロシア語で「ボロチャエベツ」と描かれているが、対ソ感情悪化が運命を大きく変えることとなる。

かかっていた。緊張した面持ちでオノを握り締めている。

「ボロチャエベツ」という船名が高らかに読み上げられると同時に、オノで支綱を切ると、船はスルスルと船台から海に滑っていった。その瞬間「軍艦行進曲」の演奏が華やかに始まり、くす玉が割れたと思うと、紙吹雪が舞う。そして歓声と大きな拍手があがった。資材置場で慌ただしく建造した船、苦労に苦労を重ねた、三隻のうちの最後の船が海に放たれた瞬間であった。そしてこの船が、のちに「宗谷」となる船であった。

ところが、全ての進水式は果たしたものの、ソ連通商代表部は、なんだかんだとイチャモンをつけ、なかなか船を引き渡すことを許してくれない。そうこうしているうちに、一日そしてまた一日が過ぎ、そのたびに遅延金がかさんでゆく。

「こんなことをしていると、遅延金の支払いで会社が倒産してしまう！」

豊作がソ連の「圧力」とも言える要求に手をこまねき、危機感を抱いていたその時、別のところから思わぬ「圧力」がかかった。軍部であった。海軍の佐世保鎮守府が、豊作がソ連船の建造を進めているという事実を知り、造船所の上野外次郎経理部長を呼びつけ、「ソ連に渡したら銃殺するぞ」と、脅かしたという。

大陸戦線の激化、対ソ感情の悪化など、当時の日本の政治状況を考えると、豊作たちがソ連のために努力すればするほど、それは利敵行為と見なされるようになっていたのだ。しかし、これは豊作にとっても好都合であった。船は進水式を終えているものの、試運転はことごとく不合格で、行き詰っていたのだ。

そんな折の、海軍から、これは思わぬ「助け船」ではないか。乗らない手はなかった。そこで豊作はこの時、海軍に船を買い上げてもらい、ソ連には違約金を払い、契約を破棄しようと決心するのである。

海軍としても、その当時所有していた砕氷艦は、シベリア出兵時に、日本軍と居留民が大量虐殺された「尼港《にこう》事件」を契機に建造された、大正時代の旧式艦「大泊《おおとまり》」だけで、新たな砕氷型の貨物船が必要であった。すでに完成した、竣工目前の砕氷型の船が存在するとなれば、「渡りに船」であった。

前出の飯沼は、この事実の最大の証拠となる、「軍極秘」昭和十三年五月四日付「改装新砕氷艦」なる設計図面の存在を確認している。これは二隻の砕氷型貨物船を、十二センチの単装高角砲二基と二十五ミリ連装機銃二基を装備する比較的重武装の砕氷艦に改造するための計画図面である。このことから、少なくとも「ノモンハン事件」の前年までは、海軍も北進を考慮して、新砕氷艦の建造を計画していたことが分かり、またこの時期に設計図が完成していたということは、ソ連と決裂した直後には、早くも海軍に図面が渡っていたことは間違いないと、飯沼は指摘している。

さて、窮地から海軍の思わぬ「助け船」に救われることになった豊作であったが、まだやっかいな問題は残っていた。プッリと連絡の途絶えた豊作にたまりかねたソ連通商代表部は、昭和十三年三月十一日、長崎で監督官スメタニュークと豊作との会談を申し込んできたのだ。

この席で、スメタニュークは、契約に基づいた条件・要求全てを満たした船を速やかに完成させて、早急に引き渡さなければ、重大な国際問題になると詰め寄るが、豊作はここで意を決し、とうとう「契約を破棄したい」と口にした。ソ連側は憤慨し、会談は平行線、両者共に譲らない状態が続いた。

三月十二日、豊作は改めて正式に契約破棄と、違約金を払った上で、三隻の引渡しの拒否をソ連通商代表部に通告する。この豊作の頑なな態度に、同代表部は動揺した。これまで、どんな無理な要求にも従順であった豊作が言うことをきかない。何か大きな後ろ盾があるに違いないと、豊作の身辺調査までしたという。ソ連側は、同代表部代表者のキリル・ラックスが直接交渉にあたり再考を促すが、やはり豊作はいっさい耳を貸さなかった。

事態は国際問題に発展する様相を呈してきた。三月十九日、東京支配人・卜部は外務省の欧亜局で、次のように事情説明を行っている。

「最近、弊社は、ソ連通商代表部より砕氷貨物船三隻の建造を受注、ほぼ竣工し、引き渡そうとしたところ、海軍より同種の船は珍しく、このままソ連に引き渡すのは考えものなので、何か口実を設けて引渡しを先延ばしにすれば、そのうち渡さなくても良い時期が来るのでは、との話が生じた。弊社としてもさまざま注文をつけられ不快になってきたので、違約金を支払い解約しようとしたが、ソ連側は解約を承知せずあくまで引き渡せと要求してきた」

説明を終え、このようにお伺いも立てている。

「国家のためには、引き渡さざるべきか、引渡しを延ばすべきか、契約破棄か、どの方法が良いか、外務省・海軍省両者のご意向が知りたい」

そして、この時、ト部ははっきりと当案件を「北鉄代償物ニ非ズ」と、発言しているのである。外務省の答えは「違約金を払わせて、解約させればよいのでは」ということであった。

こうして外務省、海軍省から同意を得た豊作は、結局、ソ連通商代表部との契約を、一方的に破棄してしまった。

そして昭和十三年四月、「ボルシェビキ」は船名を「天領丸」と変え、竣工してしまった。ソ連の憤慨はやるかたない。それでもしばらくは、契約破棄を思い直すように働きかけていたが、豊作の固い意志になすすべもなく、七月になってとうとう違約金の支払いを請求してきた。

松岡洋右と「宗谷」

この同じ七月、ソ満国境での武力衝突「張鼓峰事件《ちょうこほうじけん》」が勃発する。これが日ソ間の溝を決定的に深めた。そしてこの事件を境に、ソ連に対する多額の資金流出は事実上困難な情勢となった。

事態は膠着状態となり、ソ連通商代表部は十二月二十日、松尾造船所を契約不履行で東京民事地方裁判所に提訴している。そんな中で、昭和十四年五月、日本・満洲国軍とソ連・モンゴル軍が衝突し、起きたのが「ノモンハン事件」である。

この戦闘の最中、ソ連は、駐ソ大使であった東郷茂徳《とうごうしげのり》を通じて、日本政府に対し三点の強い抗議をしてきた。

一つは、北樺太における日本企業の石油採掘を容認していること。もう一つは、北満鉄道譲渡に関して未払い金があること。そして、松尾造船所が、前払い金を受け取ったまま、ソ連通商代表部発注の船舶の引渡しを拒否しているという三点であった。

また八月十九日には、タス通信社から「ソ連通商代表部の要求を無視して調停を拒絶しているのは、日本政府の直接指示に基づくものと認めざるを得ず、日本政府自身もその責任を負わなければならない」という趣旨の非難をしてきている。

そしてその直後の八月二十三日、ドイツとソ連の間に、突然「独ソ不可侵条約」が締結される。これは昭和十一年十一月に、日本とドイツで結ばれた日独防共協定を無視した行動で、当時の、とくに日本陸軍にとっては、信頼を置いていたドイツに、突如裏切られるかたちとなり、大きな動揺が走った。このことは、当時の平沼騏一郎《ひらぬまきいちろう》内閣に甚大な影響を及ぼし、同内閣は「欧州情勢は複雑怪奇」との言葉を残して総辞職した。

しかしその直後の九月一日、ドイツ軍がポーランドに侵攻、それに対して九月三日には、イギリス、フランスがドイツに宣戦布告し、第二次世界大戦に突入する。これにより、五月から続いていたノモンハン事件は、九月十五日に停戦協定が結ばれ、終結した。同時に、ソ連政府から両国間の懸案事項の解決が求められることになる。とくに「松尾造船所問題」に関しての強い要求を受け、交渉を円滑に進める必要から、日本政府はこれを「強制的に解決する」としている。

こうして、この問題はもはや一企業の抱える問題ではなく、外交問題に発展していたのだ。そこで、日本側は駐ソ大使であった東郷茂徳が問題の解決にあたった。

東郷は、ほぼソ連側の意向に沿って話を進めた。豊作側に違約金とその利息を払うよう要請してきたのだ。豊作としては当然納得がいかない。お上から御墨付きをもらい、これまで態度を決めてきたのである。ここで折れるわけにはいかなかった。

それどころか豊作は逆に、ソ連監督官の不当な要求などに対し、約二百万円の損害賠償請求を起こすという対抗措置をとった。怒り心頭に発したソ連側もますます態度を硬化させ、日ソ間の漁業協定や通商協定、貿易協定にも深刻な影響が出始めていた。

すると、運命の針路を大きく変える出来事が起こった。昭和十五年七月、第二次近衛内閣が成立し、外相に松岡洋右《まつおかようすけ》が就任する。この時から日本は、松岡の描く世界構想に向けて、大きく舵を切ることになったのだ。

松岡は、日本、ドイツ、イタリア、ソ連が互いに条約を結ぶことによってアメリカを牽制しようという構想を抱いていた。そして昭和十五年九月二十七日に、「日独伊三国同盟」を締結するに至り、日本の運命の転換点を迎えることになったのだ。松岡は自らの構想の実現にあたって、日ソ間の懸案事項を一掃しなければならないと考えた。

そこで松岡は駐ソ大使に、建川美次《たてかわよしつぐ》（中将、小説『敵中横断三百里』のモデル）を充て、問題の解決を急いだのである。

建川は、直接モロトフ外相を訪問し、最終的に前払い金に違約金など三十万円を加え、総額百九十四万七千七百五十円を支払うことで、ソ連の同意を取り付けることに成功する。

もちろん豊作側としては、そんな支払いに納得できるわけがないが、実はこれには裏があった。和解案として、支払いに応じる代わりに、秘密裏に、川南工業に昭和十五年物資動員計画による船舶建造用鋼材三千トンを、政府から特別配給するという政治的解決を図ったのだ。これにより、昭和十六年一月二十二日、両者は和解に至った。

こうして、「松尾造船所問題」が解決して間もない三月、松岡はヨーロッパへと旅立った。ドイツではヒトラーと会談。そして四月十三日には、建川駐ソ大使と共にモスクワで、スターリン及びモロトフ外相と会談、「日ソ中立条約」を締結するに至ったのである。

この時、モスクワを後にする松岡を、スターリン自らが見送り、満面の笑顔で握手を交わしている。ソ連、あるいは日本を取り巻く世界のしたたかさを痛感せざるを得ない光景である。

そのわずか二カ月後、ドイツは不可侵条約を破り、ソ連に侵攻。松岡の夢は、いとも簡単に打ち砕かれたのである。

松岡外相の出現により、ともかくも「松尾造船所問題」は解決した。これ以後、陸海軍と密接な関係を持つようになった川南工業は、違約金の支払いとバーターで手にした特別配給の三千トンの鋼材で事業が急成長し、昭和十九年時点で建造量は三菱長崎造船所を越え、日本一に昇りつめていた。

さて、こうして建造された三隻の砕氷型貨物船は、一発触発の世界情勢をよそに、それぞれ船名を、「天領丸」「地領丸」「民領丸」と改め、昭和十三年四月から川南傘下の辰南商船で運航されることになった。雑貨などの荷を積んで、初めて向かったのは、大連、天津、青島、

ソ連に引き渡されなかった船を「地領丸」と命名。大陸に荷を運んでいた頃。波瀾万丈の航海の始まりとなった。

上海などである。

その後、「地領丸」は栗林汽船に貸し出され、函館から千島列島の最北端にある占守島《しむしゅとう》への輸送業務に就いた。この占守島にあった蟹工場に、機材や資材、そこで働く女工たちを運ぶのが仕事だった。島に近づくと、霧が深いため操船は困難であったが、この「地領丸」には音響測深儀が装備されていたため、比較的容易に船を着けることができた。

そして女工たちを降ろすと、今度は鮭、蟹、鱒といった魚や缶詰などの水産加工品を満載し、函館へと向かうのであった。ちなみに占守島は終戦直後にソ連軍の攻撃を受け、すでに武装解除していた日本軍が必死の抗戦をした島である。

ソ連軍の上陸直前に、現地にいた女工たちを脱出させ、自ら盾となって戦った日本軍は、劣勢ながらも最後まで善戦したが、その多くが戦死し、生き残った兵たちも、シベリアに抑留されたということを付記しておく。

さて、「天領丸」「地領丸」「民領丸」は、豊作とソ連との間で「渡す、渡さない」という激しいやりとりがされているドサクサ紛れに、それぞれの航路に就いていたわけだが、この三隻を引き受ける約束をした海軍が買い取ったのは、結局「地領丸」一隻だけであった。

この頃、日本が「南進」に大きく舵を切ったことにより、「北」を意識した砕氷艦の必要性がなくなってきたのであろう。

こうして昭和十四年、唯一、海軍籍に入ったのが「地領丸」であり、海軍所属の艦艇の名に「丸」は付けないとの習わしから、この船は「宗谷」と改名されるのである。この日から「宗谷」だけが、波瀾万丈の航路をひた進み、そして、さまざまな奇跡を起こすことになるとは、この時はまだ、誰ひとりとして知る由もなかった。

なお、共に誕生した他の二隻はその後、陸軍に徴用され、「天領丸」は昭和二十年五月二十九日に宗谷海峡で、「民領丸」は十九年二月十四日にマニラ沖で、敵潜水艦の攻撃に遭い沈没している。

第2章　海軍特務艦「宗谷」

「宗谷」、南の海へ

昭和十四年十一月、海軍籍に入ることに決まった「地領丸」は、東京石川島造船所（のちの石川島重工業）深川第一工場のドックに入り、早速さまざまな改造が施されることになった。当初、海軍内部で極秘裏に計画されていた「砕氷艦」への改造は取りやめられ、「測量艦」としての軍籍入りであった。ただし、表向きは「特務艦」とされた。

船の運航には海図が欠かせず、港や水路が詳しく記された正確な海図を作成するために、測量を行う船が必要であった。海軍が使用していた旧式の測量艦が、相次いで除籍となることが予定されており、新しい測量艦を調達することが急務となっていた。そこで、耐氷構造を持ち、英国製の音響測深儀も備えた「地領丸」が浮上してきたというわけである。

こうして「地領丸」は、海軍の測量任務を行う特務艦になるべく、さまざまな準備が始められた。まず、海軍特務艦は海峡の名称を付けるのが常であったため、艦名を「宗谷」と改めた。そして、武装として八センチ単装高角砲一基と、二十五ミリ連装機銃一基が装備され、測量用に海軍制式の音響測深儀や十メートル測量艇二隻、測深儀室、製図室、測量作業室なども設けられることになった。

船体は、若草色から灰色一色に塗り替え、艦尾には軍艦旗を掲揚、誰が見ても立派な海軍艦艇の仲間入りをしたのは、昭和十五年六月四日のことであった。

そして、この日のうちに横須賀に入港し、整備と補給を済ませると、青森県大湊へと向かった。最初の測量任務であった。九月までの間の千島列島や樺太周辺の測量である。この地域は夏が短い海域だけに、測量は休む間も惜しんで行われた。

初代艦長を務めたのは山田雄二海軍中佐であった。山田中佐は、海軍兵学校四十六期卒。同期生たちが「武蔵」などいわゆる戦艦の艦長になったのと比べると、特務艦という、海軍では末席に位置する艦艇に乗るということは、一見、地味なようだが、「宗谷」の歴代艦長を

「軍艦旗」を掲げた特務艦「宗谷」。正確な海図作成のための測量は作戦遂行の要であり、その任務は秘匿性が高かった。

見ると、ほとんど中佐か大佐クラスであった。これは、「宗谷」に乗った水兵にとっても意外なことだったらしく、小さくて、のろくて、へんてこな形の船ではあるが、実は非常に重要かつ特殊な任務を担う船であることを窺わせた。

実際に「宗谷」は海軍の水路測量に大きく貢献した。海図の作成は作戦遂行の要であり、それにより命運を左右する。極めて緻密かつ正確な情報が要求されるのである。逆に、特務艦の動きを見れば、軍がどこを重視しているか、方針が分かってしまう。それだけに、「宗谷」の任務は秘匿性が高いものであった。

当時、小学生だった山田艦長の二女・珠子は、父親と家の近所ですれ違っても、目を伏せて他人のふりをしたのだという。「宗谷」の現在地が外に漏れるのを防ぐためだ。家族も高い意識を持つべく教育されていたのだ。たまの帰宅で、子供たちは、はしゃぐのだが、「お父様」と呼ぶと近所に聞こえてしまうために、高まる気持ちを抑えて小声で喋っていたという。

最初の測量業務が一段落すると、「宗谷」は横須賀に呼び戻され、九月十五日、横須賀鎮守府附属となる。ちょうどこの年は、紀元二千六百年の記念すべき年であった。十月十一日には「紀元二千六百年記念特別観艦式」が、横浜沖で大々的にとり行われ、御召艦となった戦艦「比叡」をはじめ、艦艇九十八隻、航空機五百二十七機が参加。その中で、「宗谷」も見学者を乗せる拝観艦の一隻として、堂々その存在を現わしたのである。

その記念観艦式の直前、東京湾に戻って来ていた「宗谷」に、山田中佐は家族を呼び寄せている。一人息子の健雄は、初めて見る父の職場が、四才の子供の目から見ても、狭く小さかったことに驚いたという。また、身を縮めるようにして寝なければならないような細いベッドに、「私たちは広いお布団で寝ているのに、お父様はあんなに不自由な寝床しかない」と、囁《ささや》き合ったという。この、ほんのひと時、家族で過ごした「宗谷」の艦上が、山田中佐と子供たちにとって、最後の思い出の場所となった。

山田中佐は、昭和十五年十月二十二日に横須賀鎮守府付となり、「宗谷」を降りる。そして昭和十六年十月、大佐に進級し、翌十七年八月二十八日、第二十駆逐隊（夕霧・天霧・朝霧・白雲）司令として、ガダルカナル島に向かう途中、壮絶な戦死を遂げた（同日付で少将進級）。すでに全滅した陸軍の一木支隊に続いて、川口支隊先遣隊（第二大隊約六百名）をガ島に輸送中のことであった。

当時、駆逐艦「夕立」砲術長であった椛島千蔵大尉の「戦闘日記」によると、

「夕霧は被弾の跡もなまなましく、同じく傷ついた僚艦天霧を伴ってショートランド泊地に帰投。（山田）司令のかえり血を浴びて、級友飯村大尉の血だるまの姿は壮絶、ガダルカナル戦の苛烈さをまざまざとみせつけられた。手を取り合って復仇を誓う」とある。

初代艦長・山田雄二中佐。「宗谷」を降りた後、激戦の島「ガダルカナル」へと向かう。

私を「宗谷」に導いてくれたのは、この山田中佐の一人息子、山田健雄であった。山田にとって

「宗谷」は、父との思い出のかけがいのない場所だったのである。

ある人にとっては「出発の船」であり、また他の人にとっては「最後の船」となる。「宗谷」は、そこに身を置いた人の数だけ「喜び」と「悲しみ」を抱えているのだ。

さて「宗谷」は、今度は南洋諸島での測量業務へと出ることが決まる。初めての遠洋航海は十一月であった。勇ましく「出港用意」のラッパが響き、錨を揚げて、横須賀の旗山を後にした。これは「宗谷」に乗った人が皆、口を揃えて言うことだが、とにかく「宗谷」はよく揺れるという。砕氷艦型の底の丸い形のせいか、この艦の揺れは凄まじかったらしい。

ちなみに南極観測に出た際には、氷海航行に対応するための「ビルジキール」という小さな板を取り外したために、さらに揺れが激しく、最高六十二度までローリングしたのだという。まさしく上も下もない狂瀾怒涛、想像を絶する世界である。

小さな体を大いに揺らし、南の海に出た「宗谷」は、船酔いで食事も喉を通らない乗組員たちを乗せて、まずは最初の目的地、サイパンに到着。第一回の南方測量業務が開始された。サイパン島西方の暗礁の測量は、硫黄で黄色くなった海で、鼻に突き刺さる異臭の立ち込める中での作業であった。

海図には「宗谷」の名を取って、第一宗谷礁、第二宗谷礁……と記されている。

南方の海図に、「宗谷」の名をとった名称が多々記されているのは、当時、南方での測量が盛んに行われ、そのつど「宗谷」が活躍した証左である。そしてこのことからも、この頃は日本が南方戦線を意識し、太平洋での戦いに備えていたことが分かる。

テニアン、ポナペ、他の名もない島……、行く先々で、「こんなに小さな船がこんなに遠くに来てくれた」と、大歓迎を受け、この南方測量業務は第三回まで一年にわたって行われた。

十一月中旬、トラック、サイパンを経由して、「宗谷」は母港・横須賀に帰港した。ドックに入り、外舷の赤錆を落としていた頃、南雲忠一中将率いる機動部隊がハワイ真珠湾に向け、択捉島単冠湾《ひとかっぷわん》を発った。「宗谷」が横須賀に戻った直後の、十一月二十六日のことであった。そして、昭和十六年十二月八日未明、ハワイ真珠湾攻撃が成功。ついに米英に対し、戦争状態に入ったのだ。

「宗谷」にも直ちに出動命令が下った。すぐに測量資材に加え、戦地に運ぶ燃料や食糧などを慌ただしく満載し、十二月二十九日、南方に向け出港する。南洋航路は、前回とはうって変わり、戦時下の緊張が漂っていた。常時第二警戒配備をとる。これは、二時間当直に立ち二時間休むという、昼も夜もない警戒体制であった。

その間、「敵潜水艦出没」の情報はひっきりなしに入電し、そのたびに緊張が走った。兵装の薄い特務艦の悲しさ、まして単独行動の「宗谷」にとって、敵潜水艦が浮上しての一騎討ちでは、勝負は決まっている。そうなる前に、ジグザグ航行で、とにかく敵の目から逃れるしかなかった。しかし、このジグザグ航行は、目的地までの距離を二倍三倍に長くしてしまう。

トラック島の前線基地に到着したのは、年が明けた昭和十七年一月のことであった。そして、測量機材などの陸揚げ作業を続けていた夜、「宗谷」は、B24型機による空襲を初めて経験する。が、幸いにも無傷ですみ、一月末、無事に横須賀港へ帰港した。

すでに一月二十一日付で、南洋方面を守る連合艦隊第四艦隊に編入されていた「宗谷」は、同艦隊の附属艦として測量任務を行うため、二月には、二回目の南洋測量業務へ出る。この時、艦長は、松本亀太郎中佐（海兵四十五期）から久保田智中佐（海兵四十六期）へ代わっていた。また水路部から派遣された技師などの測量隊員十一名と、新しい測量機材や測量艇二隻も搭載しての出港であった。

相変わらず艦は、第二警戒配備とジグザグ航行を続け、敵潜水艦に脅えながらの航海は、針路がなかなか決まらないもどかしさであった。何百回と針路を変更し、やっとのことで赤道を越え、三月八日に、ニューブリテン島ラバウルに到着した。

「宗谷」はここを基地として、最前線の島々の測量業務を行うことになる。「宗谷」で作成された海図は、早速、次々に各出入り港の艦船に配布されていった。港に出入りする艦船にとって、海図ほど頼りになるものはない。まして戦場となった港では、あらゆる方法で、敵潜水艦、その他の艦船の侵入を妨害し、味方の艦船を誘導しなければならない。そのためには軍機海図を早急に作り、配布することが作戦上極めて重要になる。防潜網、機雷などの位置が少しでもずれていたら大変なことになり、失敗は許されない、責任は重大だった。敵の偵察機も「宗谷」の動きを監視するようになっており、爆弾を落としていくこともしばしばであった。

ラバウルに着いてから、ブーゲンビル方面攻略作戦が始まった。「宗谷」も陸戦隊要員を乗せ、第一次ソロモン群島方面攻略作戦に参加出撃した。三月三十日早朝、ショートランド湾に無血上陸。しかし、すぐにオーストラリア軍に発見され、これを応戦撃退するが、同夜、さらに「宗谷」乗組員からも陸戦隊を編成することになり、何名かが真夜中にジャングルに上陸、ブーゲンビル島キエタの街に突入する。しかしすでにほとんど人影はなかった。「宗谷」乗組員がこのような上陸作戦を行っていたことは意外である。

その後も陸戦隊の輸送、掃討作戦に参加する一方で、水路調査や測量にも余念がなかった。

五月の初めにかけて、測量に次ぐ測量で、頻繁にラバウルの港を出入りする日が続いていたが、この頃になると、敵機も大型機が毎日のように偵察、来襲するようになっていた。

そして昭和十七年五月十七日、「宗谷」はラバウルを後にして、サイパンへと出港した。大東亜戦争の明暗を分けることとなったミッドウェー海戦に参加するためであった。サイパンにはミッドウェー作戦のために、兵員・機材を満載した艦艇が続々と到着し、出港を待っていた。一万トン級の巨艦が勢揃いする中、「宗谷」もまた片隅で緊張に包まれていた
「宗谷」は石炭船である。それゆえ、速度は原速八ノット。乗組員はこれを「始終八ノット」とよく言っている。とにかく最高速度にあげても十二ノットがやっとだ。十六ノット船団の半分の速力では、目的地まで倍の日数が当然かかる。そのため、五月二十八日、「宗谷」は船団より一足先に、単独でサイパンを後にした。

「我艦足遅シ、先ニ洋上ニ出ヅ」

この旗旒《きりゅう》信号を掲げるのが「宗谷」の〝習わし〟であった。

そして六月四日、ミッドウェーの北西約四~五百海里まで来た「宗谷」は、米軍の哨戒範囲に入り、最初に発見されてしまう。しかし、八センチ砲で、なんとかこれを撃退。決戦の火蓋はこの日を境に落とされた。ミッドウェーにおける激戦が始まったのである。「宗谷」は、

次々に追い越して行く艦艇に対し、ひたすら無事を祈る信号を送り続けた。

この作戦における「宗谷」の任務は、第一線の艦がミッドウェーを占領した後、直ちに港湾の測量を行うことであった。それに備え、後方で待機するしかない、戦闘の成り行きを見守るしかないのであった。が、結局、この戦いでは、ミッドウェーを占領できないばかりか、機動部隊空母の全滅という大打撃を受けることになる。この機動部隊空母全滅の悲報を、いち早く傍受したのも「宗谷」であった。

ミッドウェー海戦大敗を受け、「宗谷」はやむなくラバウルへ退避するが、続く八月、滑走路の建設をほぼ終えたガダルカナル島に、突如アメリカ軍の大部隊が上陸、日本の守備隊は全滅し、島は完全に占領されてしまう。ガダルカナル戦の始まりである。「宗谷」はガダルカナル逆上陸作戦のため、陸戦隊員を乗せてラバウルを出発。しかし、海軍徴用の「明陽丸」が敵潜水艦の手に掛かり轟沈、作戦は中止のやむなきに到った。すぐに帰国命令を受けた「宗谷」は、八月十四日、横須賀に向かう。

母港に戻ったのは、八月二十八日、奇しくも元「宗谷」艦長・山田大佐がガ島沖で戦死したその日のことであった。

ここで「宗谷」は第四艦隊麾下の任を解かれ、間もなく第八艦隊麾下の附属測量艦となり、一カ月後には、「夕張」と共に再びラバウルに向かうのである。

この頃のラバウルは昼夜を問わず米軍の攻撃を受け、死闘が繰り返されていた。毎日毎日、目の前にP38型戦闘機が来襲し、機銃掃射を繰り返す中での測量業務は、まことに困難極まりない。なにしろ敵の攻撃の合間にしか作業ができないのだ。こうした懸命の作業に黙々と取り組んだのは、軍属の技師や水夫たちであった。決して手を抜かず、どんな状況であれ、職務を全うする強固な精神力に乗組員も頭が下がる思いであった。

「宗谷」の歴史には、そうした実直な人々がいつも存在するのだ。

敵魚雷、「宗谷」に命中す

「宗谷」の強運は相変わらずであった。連日、爆弾の雨が降る中でも、機銃掃射を食らっても、「宗谷」への被爆、被弾は一発もないのだ。付近に停泊している徴用船などは、ことごとく大きな被害を受け、航行不能になっているにもかかわらずであった。機雷に触れないのは、「宗谷」独特の、底が丸く浅い、いわゆる「オスタップ（洗濯桶）型」というへんてこな形が、水深十メートルほどの地点に敷設されている磁気機雷の反応を潜り抜けてしまうのではないかとか、魚雷が当たらないのは、構造上、航行で立つ波が高く、敵が速度を見誤るためではないかなど、いろいろに言われるが、いずれにせよ、類まれな強運の下にあることは間違いなかった。

八田信男が「宗谷」に乗っていたのはこの頃だった。八田は、長野県松代の出身。機雷学校を出て昭和十七年から砲員として「宗谷」に乗艦。この時、「宗谷」はそれまで体験したことのない危機に遭遇するが、その様子を詳細に覚えているという。

十二月二十八日、「宗谷」はブーゲンビル島の北側、ソロモン群島の最北端にある小さな島、ブカ島のクイーンカロラインという入江に港湾測量のため入港する。そこで入江付近の測量や、航路浮標の設置、海図作成等に一カ月を費やし、いよいよ最後の仕上げという時に、大きな危機が訪れたのだ。

昭和十八年一月二十八日早朝、クイーンカロラインでの最後の測量海図を仕上げるため、朝霧の中、作業を進めていたその時、「宗谷」の後方に、敵の潜水艦が近付いていることには、誰も気づいていなかった。六時五十五分、篠田永次郎信号兵が当直交代のため、艦橋の下のラッタルに手をかけ、何気なく後方を見ると、白い航跡がサーッと走ってくる。その勢いは四十ノットほどと見て取れる速さだった。

「魚雷だ！」

その声で、高角砲の手入れをしていた八田も、咄嗟に後方を振り返ると、二本、三本と次々に白い航跡が続く。それは、一瞬、思わず見とれてしまうような美しいラインであったという。

「戦闘配置に付け！」

号令と共に、取り舵一杯で旋回し始めた時、ズドンという鈍い音がしたと思うと、グラグラと揺れたきり、静まり返った。そしてその直後、近くのリーフで立て続けに三回、爆発の大音響が響き渡った。「宗谷」に向けて発射された魚雷は四発。うち一発が「宗谷」に命中したのだ。ところが、幸か不幸か、その一発が不発だった。

爆発音を聴いて、その成果を確認するため、後方五百メートルほどの水面に、敵の潜望鏡が現われる。今度は、こちらがそこを狙って反撃に出る番だ。湾内警備のために出動中の第二十八号駆潜艇が応援に駆けつけた。この二十八号艇が爆雷を投下する。「宗谷」は味方の爆雷の被害に遭わぬよう、急いで速度をあげた。「宗谷」のような足の遅い船は、全速力でその場を立ち去らなければ、自艦のスクリューを痛めてしまうのだ。爆雷が投下され、何秒か後、

甲板に引き揚げられた敵の魚雷。不発とはいえ、砕氷艦として建造された構造が「宗谷」を救った。

鈍い爆音がしたと思うと、爆風が水面に上がる。よく見るとポッポッと油が浮き上がっている。

「成功だ！」

浮き上がった油は、海中の敵潜水艦の鉄板に亀裂が入った証拠であった。さらにその上から爆雷を投下する。すると次々に油が浮いてくる。撃沈に成功したのだ。「宗谷」艦内は、一瞬の安堵に包まれた。

しかし、腹には魚雷が突き刺さったままである。今度は、その魚雷を注意深く甲板に引き揚げた。驚くことに艦は、外板が少し損傷しただけですんでいたのだ。「宗谷」が砕氷艦型に造られていたため、「フレーム」という人間の肋骨にあたる部分が他の船よりも多く入っていたことで、これだけ小さな損傷ですんだのだという。

甲板に引き揚げられた魚雷は近くで見ると、「宗谷」のような小さな艦にしてみれば、巨大に見えた。こんなものが命中したにもかかわらず、何と言う運の良さか、これが不発魚雷で、さらに船の構造の強さも手伝って、損害は最小限に留まったという、「宗谷」のこの小さな見た目からは計り知れない「頼もしさ」「運の良さ」を確信した日となった。

大戦初期には、信管不良に起因する不発魚雷が多数あったといわれている。

魚雷を撤去し、ほっとして海を見ると、魚雷や爆雷の爆圧で、多数の小魚が浮かび上がり、それを人喰い鮫が水面まで顔を出して、パクリパクリと喰いちぎっては、赤い血を海面に撒き散らしている。甲板に上がった者たちは、興奮冷めやらぬ中、呆然とそれを見つめていた。一歩間違えば自分たちも、あの小魚のようになっていたのだ。

その夜は、あるだけの酒や食糧を囲んで、飲めや歌えの宴会となった。「宗谷」は、その規模からすると、ずいぶん贅沢な艦だったのではないか、と八田は言う。料理人がいて、床屋があり、クリーニングもあった。艦長はだいたい中佐、大佐だったためか、将校の食事を作るコックや、それなりの施設・設備が必要だったのだ。

八田が航海を共にした久保田大佐（昭和十七年十一月進級）は、釣りが好きで、横須賀を出る時には、釣り道具と醤油とわさびを積むことも忘れなかったという。ゆっくりとしか進めない「宗谷」の、八ノットほどのスピードが、魚をおびき寄せるには、ちょうど良かったとみえて、擬餌を使った漁の方はすこぶる好調だったらしい。

それにしても、軍艦旗を掲げ、その下では擬餌を引っ張っているなど、敵の艦艇はもちろん、味方にも知られていない「宗谷」の〝最高機密〟である。その「漁船宗谷」の収穫は、この夜、惜しげもなく振る舞われ、二日後、ラバウルに凱旋する。ラバウルに着くと、各艦からお祝いの信号が次々に寄せられ、「宗谷」はつかの間の祝賀気分に酔いしれていた。

ちなみに航海のお供としては、「白粉《おしろい》」も欠かせなかった。これは、「宗谷」が当時、石炭を燃料としていたため、これを搭載する際、炭塵が直撃して顔の皮が剥げてしまう、そのため顔に付ける白粉が必要だったのだ。白粉を付け、手拭いで頬かぶりして作業にあたるのだが、汗で白粉が流れてしまい、皮の剥がれたところに、また汗と白粉が入り、痛いことこの上なかったそうだ。

ラバウルに入った「宗谷」は早速港内の掃海、沈船浮標の設置作業などをすませた。そして明日はソロモン方面に出発という夜、敵大型機の大編隊が湾内に侵入。停泊中の艦船に無差別爆撃を開始した。

「宗谷」もこの時ばかりは撃って撃って撃ちまくった。狙いはつけず、とにかく真上に撃つ。そうすれば、上空に飛来する爆撃機にどれかが命中するのである。この時使用した弾は、高角砲弾、四十八発。二十五ミリ機銃弾、五百七十発。七・七ミリ機銃弾、三百十五発と記録されている。

六月二十四日、「宗谷」は母港・横須賀に帰港した。直ちにドック入りし、錆落としや塗装を入念に行う。魚雷が当たった傷跡も注意深く点検された。軽傷ではあったが、ひびから水が漏れ入っていたのも発見され、コンクリートを流し込むなどの処置がとられた。

七月十九日、再度母港を後にする。今度はラバウル方面行きの輸送船団の指揮船となった。指揮船「宗谷」の運の強さが幸いしてか、船団は敵潜水艦に遭遇せず、二十日後、無事ラバウルに入港。九月までラバウルで付近の測量を続け、十月初め、トラックに入港する。

「私のラバさん酋長の娘　色は黒いが南洋じゃ美人……」の歌で知られるマーシャル群島に、クエゼリンという島があり、ここに陸軍の兵士が次々に送られ、「宗谷」にもたくさん便乗するようになった。聞けば、関東軍の部隊が南方にやってきたのだという。何隻かで船団を組み、「宗谷」が指揮をとっての輸送船団が、トラックを後にしてクエゼリンに向かった。

ここでは、極寒の満洲から急に常夏の島へ来た「南洋ぼけ」のせいか、戦場に着かぬうちに死んでいく兵士も少なからずいて、その遺体を水葬にして手厚く葬るのも「宗谷」乗組員の役目であった。頑強だった関東軍兵士が、こんな小さな艦の上で死んでいくやりきれない思いの中、「宗谷」艦上から見送った何人もの兵士たちが南の海に散っていった。

船団の指揮船は、各船にひっきりなしに通達命令を発信する。これも「宗谷」の役割であり、先の篠田信号兵はクエゼリン島に着くまで大忙しであった。クエゼリンに着き、陸軍の兵士を降ろしたら、船団に別れを告げ、今度は同じマーシャルのブラウン島で測量業務を行うため、単独で出発することになった。

ブラウン島に無事入港。湾内には、「大和」「武蔵」をはじめ、戦艦や重巡、水雷戦隊などが停泊していた。これらは、米軍の大機動部隊が、ハワイから来るか、それともオーストラリアか、といった予測の下で、ここではハワイから来た場合に迎え撃つ大決戦に備え、待機していたのだ。人呼んで「Z作戦」。まさに日本海海戦でバルチック艦隊を迎え撃った「皇国の興廃この一戦にあり」の緊張感が漲っていた。そんな中、「宗谷」の港湾測量も一層身が入った。

激闘、トラック島

年が明け、昭和十九年正月、「宗谷」は食糧や燃料を補給するため、クエゼリンへ向かう出港の用意をしていた。すると、あの釣り好きの前艦長・久保田大佐が、第二十四駆逐隊の司令として、陸軍兵士を乗せた輸送船団をクエゼリンなどに護衛して来た帰路、ブラウン島に立ち寄り、そこに「宗谷」がいることが分かると、家族にでも再会するかのように「宗谷」と乗組員のもとを訪れて来た。当時の艦長であった天谷嘉重大佐（海兵四十七期、昭和十九年十二月戦死、少将）らとしばらく会談した際、

「クエゼリンは食糧も不足し始めているので、針路を変更したほうが良い」

との久保田大佐の忠告があり、「宗谷」のクエゼリン行きは取り止めになった。そしてその直後に、クエゼリンは敵大機動部隊の集中攻撃を受け、島の付近にいた船も、「宗谷」が送り届けたあの関東軍の部隊も皆、玉砕したのだった。久保田大佐のおかげで、「宗谷」はまたもや間一髪の危機を逃れたのである。

なお、久保田大佐は、その後、軽巡洋艦「名取」艦長となり、昭和十九年八月、ルソン島

沖にて敵潜水艦の雷撃を受け、沈み行く艦内で第二種軍装に身を整え、艦と運命を共にしている（同日付で少将進級）。

「宗谷」は急遽、トラック島に向けて、錨を上げることになった。食糧や燃料の補給を急がねばならないのだ。しかしこの時、ひとつの大きな決断をしなければならなかった。それは、測量隊の処遇である。同乗していた第四測量隊は、そもそも千葉県銚子沖の漁師たちが主であった。徴用されてこの第四測量隊が編成されたわけだが、この人たちをトラック島へ連れて行くべきかどうかという選択であった。トラック島へ行くことも、当時の戦況を考えると、大きな危険が予想される。しかも、ブラウン島での測量作業も、来たるべき大決戦「Z作戦」に向け、一刻を争っている。

そこで、「宗谷」は副長の牛尾中佐以下測量隊全員をブラウン島に残して、トラック島に向かい、測量隊は「宗谷」が戻るまで、ここで任務を続行することになったのである。八田は、今でもこの時の光景が脳裏に焼き付いている。

「すぐに迎えに来るから」と言って別れ、いったんは陸に上がり、移動を始めた測量隊のひとりが、咄嗟《とっさ》に踵《きびす》を返し、「宗谷」に向かって走って来る。

「やっぱり、置いていかないでくれ」

「大丈夫だ。すぐに迎えに戻るから」

強運に守られた「宗谷」を去り、孤島に置かれる、そんな不安があったのであろうか。そうかと言って、危険が予測されるトラック島に彼らを連れて行くことも憚《はばか》られた。最善の策をとったつもりだった。

しかし、「宗谷」は彼らを迎えに戻ることはできなかったのだ。この時、ブラウン島に残された測量隊はこの半月後、全員玉砕した。

必ず迎えに来ると約束した八田は今でも、この第四測量隊全員が、ブラウン島で、達者で暮らしていて、「宗谷」の迎えを首を長くして待っている夢を見る。きっと迎えに来ると、約束したのに、それを果たせなかった。一度は艦を降りたものの、電信機の不都合で、「宗谷」に戻ってきた電信員ひとりが、命拾いをしている。

一方で「宗谷」にも帰るに帰れない事情があった。久保田大佐率いる駆逐隊に守られ、昭和十九年一月十九日、「宗谷」はトラック島に入るが、この頃になると、戦況は猫の目のように変わり、しかも全てが悪化の一途を辿っていた。

この戦況悪化の波に、「宗谷」も大きく翻弄《ほんろう》されていた。「宗谷」は二月一日付で第八艦隊から連合艦隊附属になったのである。連合艦隊司令部はトラック島に置かれていた。米軍の空襲が相次ぎ、ここもはや時間の問題かと思われた時、決定的打撃を受けることになる。二月十七、十八日の大空襲であった。この空襲で大怪我を負った八田は、その手記「想ひで負傷病院生活」にその時の様子を記している。

「二月十七日、朝早くより空襲警報、戦闘ラッパが鳴り響き、空一面の敵機ピューン、パッパッと機関砲の銃撃、まるで夕立の降るようだ。大粒に水面を撥ね上げる。雷撃機、爆撃機、秋トンボのような数だ。次から次へと飛んでくる。水中をまっしぐらにぽんぽんと飛んで目的物に向かう魚雷。爆弾は天高く水柱を上げ、艦船に命中し、爆破する黒煙をもくもくと、真紅の炎を上げながら大きな音と共に轟沈。海は流れ出た油に火がつき、海面炎で燃えている。我らの目には唯敵機あるのみ。持ち場持ち場の戦闘部署に火を吐く高角砲、機関砲、甲板は戦友の血汐で紅にいろどられ、おいしっかりしろと傷付き倒れし友を励まして戦う私たち。鎧兜を引き締めて弾丸をこめる。よしの声で砲は火吐く。続いて弾丸は砲口を飛び出して行く。空は弾幕に覆われ、空と海上の戦闘はますます激しさを増す」

早朝から始まった米軍の艦上機約百機による空襲は、午後五時過ぎまで続き、敵機は延べ四百五十機にのぼった。目の前で僚艦が次々に撃沈されて行く中、「宗谷」は回避行動をとった。ところが、その途中に座礁、身動きがとれなくなってしまったのだ。夜を徹して離礁作業を行ったが、結局そのまま動けない状態で翌十八日を迎えた。その時の様子はさらに過酷であった。

「昨日よりの戦闘で、皆、目は赤く腫れ上がり、服は破れ血だらけだ。艦は昨夜、浅瀬に乗り上げて動けない。けれども意気ますます旺盛なり。撃って撃って撃ちまくる。あんな白トンボの弾丸では死なないぞと言うは、鈴木一水の声らしい。次いで佐野二曹が、四月に産まれる子供の顔を見るまでは殺しても死なないと言う。死闘は激しさを増し、艦は至る所穴だらけ。海水管が破裂して水を吸い上げている。甲板の一部が火災を起こして燃え上がり、紅の炎が見える。体は爆撃の度に海水を被り、服を絞るようだ。けれど我らの眼中にはただ敵あるばかり。砲を撃ちまくるのみ……」

しかし、砲員は次々に倒れ、艦上は肉片の飛び散る血の海と化した。周囲の艦船も次々に撃沈。友軍機ももはや舞い上がらず、敵の思いのままであった。沈む艦船から流れ出た油に火がつき、海上は火の海となっている。その火の海を人が泳ぐ様は、さながら地獄絵であった。鈴木隆二一水、佐野氏弥二曹、傍らにいた仲間が次々に壮絶な戦死を遂げた。一番砲手の八田も肩と両足に銃弾を受け、その場に倒れた。

「両足が熱い、痛い。太股も肩も。右足はぷらぷらして立ち上がれない。血が流れ出る。気は遠くなっていく。残念無念だ……」

この時、浅瀬に乗り上げ、座礁したままの「宗谷」は、依然身動きがとれない状態が続いていた。もはや銃弾を撃ち尽し、高角砲員のほとんどが死傷し、艦長も負傷、副長は戦死という最悪の状況の中で、やむにやまれぬ決断を下さねばならなかった。

「総員退避！」

艦を捨てるということは、海軍軍人にとっては最も屈辱であった。しかし、命令を下さなければ、身動きがとれないまま全滅するのみである。艦にいたものは陸に上がり、艦はカラになった。極限状態での脱出。命令を下す側も、軍法会議を覚悟の上での決断だった。

翌朝、静まり返った湾内、戦いの後の光景は見るも無残であった。この戦闘でトラック島の戦力は壊滅。その被害は、艦船五十隻、航空機二百七十機、燃料タンク三基などの地上施設、戦死者は六百人（沈没船の乗組員は含まず）に及んだ。「宗谷」では十名が戦死している。

「宗谷」の乗組員は恐る恐る、環礁を見渡した。すると、

「宗谷だ！」

ぽつんと、「宗谷」だけが浮かんでいるのである。「宗谷」は沈まなかったのだ。しかも、昨夜、弾雨の中、必死に離礁作業にあたっても、微動だにしなかった艦が、自然に離礁して

八田信男氏は、今でも足に銃弾の破片が残っている。その痛みとトラック島の記憶と共に戦後を歩んできたと語る。

乗組員を待っているではないか。

「なんてやつなんだ……」

乗組員たちは目に涙を浮かべ、狂喜した。艦の状態を調べてみると、奇跡的に損傷は少なく、航行に支障はない。それと分かると直ちに内地に向けて錨を揚げ、出港したのである。

足に大怪我を負った八田は、夏島の病院へ運ばれた。朦朧《もうろう》とする意識の中で頭に浮かんだのは、死んだ戦友、故郷・長野の父母、信濃の山河であった。その心情が「想ひ出負傷病院生活」には詳しく書かれている。

「赤道直下の病院内は本当に暑い。寝ていても汗は流れ出る。靖国の神と散っていった戦友たち、艦に残った皆さんたちはどうしているだろう。姿が浮かぶ。内地は今頃雪で真っ白だろう。北風吹きすさび寒い故郷、白銀の峰々、懐かしの想い出多い故郷よ。

軍医は患者が多いので手が回らず、次の場所で切断してもらえと言われ、早く楽になりたい。足を切断したら痛みがとれるのか。苦しい……」

この後、病院船に揺られ、内地へ搬送されることになる。トラック島での負傷者を運ぶ病院船は二隻あったが、共に満員で、甲板に寝かされていた者もいるほどであった。

その後、内地の病院を転々とし、次々に聞こえてくる戦況に苦悩の日々を過ごす。

「(昭和二十年)二月十六日は米機動部隊による本土空襲が、十九日にはついに硫黄島上陸。三月二十六日に玉砕。最高司令官、栗林忠道大将は父とは故郷松代の高等科の時の同級生なのだ」

続く東京大空襲、沖縄本島上陸……、そしてドイツの無条件降伏という報を受け、日本は一体どうなってしまうのかと不安だけが募る日々が続いた。

故郷・松代に戻ったのは終戦間際であった。その時、松代では本土決戦に備え、密かに大本営の建設が進められている最中であった。

「町は大本営の地下壕建設工事で大変。かなり仕事は進んでいる様子。西条の大本営付近の家々は強制疎開させられて、国の関係者たちが入るので外側はそのままで中はすっかり変えてしまったとか。疎開の人たちが食べるものがなく、千曲川《ちくまがわ》の土手の草まで食べているという噂……」

しかしこの時、松代の上空では米軍機から「大本営建設も知っている」というビラが撒かれ、「軍に協力すると大変なことになる」といったものまであったという。

負傷した足の状態は次の記述から詳細に知ることができる。

「今日、診察治療で関医長が、八田兵曹の足は何が出るか楽しみだと言われた。弾片、骨片、防暑靴の切れはし、靴下のぼろ、痛い痛いと赤く腫れ上がり化膿して切開すると、何かが出てくる」

被弾した際、砕けた骨に、弾片やら靴の残骸やらを全て巻き込んでしまったのだった。そして、かろうじてくっついていた足は、切断を何度も迫られるが、そのたびに見送ってきた。それどころではなかったのだ。

まもなく日本は戦争に敗れる。ほとんど機能しない足でも、立ち上がり歩き出さなければならなかった。八田は振り返る。

「戦争が終わって、足が痛いなんて言っていられませんでした。怪我のことは隠して就職活動をしなければ、職も見つからなかった。それに死んでいった仲間のことを思えば、弱音なんて吐けません……」

足の怪我を隠して、必死に働く日々だった。その後、家庭を持ち、小さなスーパーを営むようになった。世の中から戦争の記憶は薄れても、八田の足の痛みは増すばかりだった。しかし、八田はこの痛みとトラック島の記憶と共に戦後、ずっと歩んできたのである。そして、そこにはいつも「宗谷」の存在があった。宗谷のように、何があってもくじけずに生きよう、その想いが八田を勇気づけたのだ。

トラック島の大空襲から六十年余が経った六月、「軍艦宗谷会」に参加するために、八田は東京・お台場にいた。杖をついて、右足を引きずっている。傷の痛みはさらに増しているという。しばらくおとなしくしていた傷が、近年になってまた疼《うず》き始めているのだ。切開しても除去しきれない骨に巻き込まれたがらくたが、思い出したように騒ぎ出しているらしい。

「国は援助してくれましたが、痛みまでは取ってもらえないですからねえ」と、長年付き合った痛みには、今さら動じていないような様子である。国のために戦って、怪我を負い、一生それを背負うことになったのに、恨めしくはないのだろうかとつい思ってしまうが、八田は、

「官費で外地に行かせてもらった、しかも、『宗谷』のような良い船に乗って海外旅行をさ

せてもらったんだから、逆に感謝しているくらいですよ」と笑う。

八田に戦後残されたものは、怪我という負担だけではない。運命を共に過ごした「宗谷」という艦が、常に傍らで八田を激励していたのだ。どんなに撃たれても、疲弊しても「宗谷」は立ち上がって、のろまながらも前へ進んだ。へとへとに疲れても、南極にまで行き、国民に勇気を与えた。そしてそれを八田もずっと見つめていたのだ。

「宗谷」に乗った人たちは、戦後も、「宗谷」らしい生き方に倣い、「宗谷」の不屈の精神を踏襲し生きているように見える。

第3章　危険な輸送任務

人は「特攻輸送」と呼んだ

二日間に及ぶトラック島大空襲に耐え、生き残った「宗谷」。感涙に咽《むせ》ぶ間もなく、直ちに内地へ向け錨を上げた。

しかし、傷だらけの船での航海は困難を極め、二カ月もかけて横須賀へ帰港する。この時、軽装備で激戦地に赴き帰ってきた「宗谷」に、さまざまな装備が加えられることになる。

まず、測量艦から運送艦としての改造が施されることになった。すでに守勢に回った戦局により、もはや測量任務の必要がなくなったのである。そのため測量具や測量艇は全て下ろし、その代わりに二十五ミリ連装機銃四基が増設されることとなり、やや「軍艦」らしい装備となった。

そして昭和二十年、敗色濃厚となったこの頃から「宗谷」は石炭や軍需品を積んで、主に室蘭、八戸、横須賀を往復する「特攻輸送」と呼ばれる、極めて危険な任務を繰り返し行うことになる。

この頃、「宗谷」に乗艦していたのが、中澤松太郎であった。中澤は長野県佐久の出身、砲術学校を出て、昭和十九年十一月から「宗谷」に乗っている。この時、砲術長の荻原左門中尉が「同郷」ということで、中澤を指名したのだという。

荻原中尉は、横須賀鎮守府では「鬼の荻原」で通る〝猛者《もさ》〟。いろいろと艦船を渡り歩いて来たが、当時、「宗谷」に乗り組んでいた。「鬼の荻原」の異名の通り、この時「宗谷」に乗っていた者は皆、鬼の鉄拳の洗礼を受けているのだが、なぜか中澤は、同郷の誼《よしみ》ということもあったのか、この荻原中尉には、いたく可愛がられた。

その頃、「宗谷」には〝不沈船〟神話が生まれていた。「宗谷」は運が良い船なので、沈まないと言う者が多くなっていたのだ。また、「宗谷」には「宗谷神社」といって、守り神が祀ってあり、そのお陰とも言われていたが、鬼の荻原はそれを一喝した。

「そんなものをあてにするな！　信じるべきは日頃の訓練のみである！」

かくして「宗谷」の訓練は一層厳しさを増した。ハンモックから飛び出して、各自が持ち場に着く訓練は、朝も夜も問わずに行われ、回を重ねるごとに、所要時間を縮めなければならない。それに失敗すれば、容赦ない鉄拳と、やり直しを繰り返す。まさに血の滲むような、訓練に次ぐ訓練であった。

そして、前述の通り、「宗谷」はオスタップ型といって、耐氷構造独特の、たらいのような船底のため、他の艦と比べてよく揺れるのである。この揺れに慣れるのは、海の男たちをもってしても容易ではなかった。たび重なる訓練の疲れに体力をつけねばならないのに、船酔いで食事が喉を通らない、揺れによる疲労も激しい。

まして、「始終八ノット」と言われた速度は、波に揺られていると、進んでいるのか後退しているのか分からない。そのストレスも乗組員たちを襲っていた。

そんな中「宗谷」は、厳しい戦況の下、極めて危険な輸送業務に就くことになった。艦内はこれまでに経験したことのない緊張感に包まれていた。中澤は常に荻原中尉の傍らに置かれていた極度の緊張からか、不思議と船酔いをする間もなく、食事もよく摂ることができた。御飯をお代わりするその姿を、仲間たちは恨めしそうに見るばかりであったという。

そして昭和二十年六月二十四日、戦局がさらに悪化したため、満洲では最後の決戦を挑む構えであった。そのための物資を必要としているとのことで、「宗谷」は重要工作機材を満洲に運ぶことになった。飛行機生産用機材、その他の重要物資を搭載した「宗谷」と「神津丸」、「永観丸」の船団が静かに横浜港を出港し、朝鮮の羅津港《らしんこう》に向けて、岩手県の三陸沿岸を航行していた。出港二日後の二十六日のことであった。

「潜水艦を発見！」

敵潜水艦を捉えた「宗谷」が、すぐに後続の船に危険を知らせようとしたその瞬間であった。

「神津丸」に魚雷が命中したのだ。中澤が当直の交代のため、見張りの持ち場から下に降りようとしていた時であった。轟音と共に目の前で「神津丸」が真っ二つに割れて轟沈したかと思うと、大きな水柱が空中に突き上がる。

「なんてことだ……」

中澤は思わず立ちすくんだ。目の前にあったものが一瞬にして消えたのだ。どれほどの時間が過ぎたのか、しばらくするといろいろな物が浮き上がってくる。ばらばらになった遺体、部品、船体の一部、板切れ、何もかもが藻屑となって目の前を漂流している。

時を経ず、もう一発が「永観丸」を襲った。再び爆音が轟く。

「永観丸もやられた！」

「宗谷」は護衛の水上機などと共に、敵潜水艦に爆雷攻撃で反撃に出る準備をした。

「まだ生きてる者が海上にいるんだぞ」

敵潜水艦に爆雷を撃ち込めば、同時に、泳いで逃げようとしている「神津丸」や「永観丸」の乗組員も巻き添えになるのだ。

「なんとかならんのか」

中澤は悔しさに歯ぎしりをしたが、やらなければやられるのみである。すぐに爆雷攻撃の命令が下った。

「敵潜発見！」

攻撃が開始されると間もなく、ズンという鈍い爆発音が轟く。

「成功だ！」

すぐに「宗谷」からカッターが降ろされた。中澤もカッターで海面に降りた。生存者はいないか、必死の捜索であった。波間に漂う遺体の中、助けを求めカッターのオールにすがりつく者、目玉が飛び出して紐のようにぶら下がっている者も多くいた。生き地獄であった。

中澤はカッターを漕ぎ続け、二十九人を救出したと記憶している。しかしそのうちひとりはカッター上で息を引き取っている。

医師としての本分

この時、たったひとり「宗谷」に乗り組んでいた軍医が、並河潔であった。次々に運ばれる瀕死の負傷者の救命作業にあたった。一刻を争う、まさに修羅場である。

並河は戦後、京都・亀岡で六十年近くも医師を続け、八十五才で現役を引退したが、後にも先にもこの時ほど凄まじい経験をしたことがない。

「お願いします、先生！」

「こっちもお願いします！」

実はこの時、救出作業にあたっていたのは「宗谷」乗組員だけではなかった。付近の港から消防団員たちが法被《はっぴ》を着て、漁船に乗り込んでやって来て、共に救助にあたっていたのだ。

爆雷の災禍に耐え、多くの人々が必死の思いで救い上げ、運び込まれた負傷者の、その命をつなぐのが、並河の使命であった。自分は最後の望みの綱である。自身の手ひとつに、目の前の名も知らぬ兵隊の運命、その親、その妻、その子の運命までもが懸かっている。そう思うと、なんとしてもここで命をつなぎ留めなければならない、こんな非常時こそ、医師としての務めを全うしなければならないと、並河もまた、必死の思いで救命にあたるのである。

並河が「宗谷」と出会ったのは横須賀だった。

「こんな格好悪い船に乗るのか……」

それが「宗谷」の第一印象であった。医大を卒業し、海軍の軍医になった並河は、済州島で勤務した後、昭和十九年、「宗谷」に乗艦した。乗艦する艦名は直前まで分からない。横須賀に着くと、軽巡洋艦「阿武隈」が停泊している。これか！と喜んだのもつかの間、乗り組むのは、横にいた小型でヘンテコな型の

「宗谷」に乗り組んでいた軍医・並河潔氏と夫人。「宗谷」での体験が、その後の医師としての生き方の原点となった。

「宗谷」だという。これには心底がっかりしてしまった。

イメージした「軍艦」とはほど遠い艦に任ぜられ、落胆するのは、「宗谷」に乗ることが決まった者の常であった。だが、この落胆が、後には、計り知れない幸運だと感じるようになるのもまた共通である。それは並河も同じであった。並河にとって、「宗谷」に乗り、あの修羅場を乗り切ったことが、その後の医師としての生き方の原点となっていた。

戦後、内地へ戻って間もなく、ありったけの財産をはたいてヤミで五千円の自転車を購入し、聴診器ひとつ持って山をいくつも越え、休まず患者の治療に奔走したのは、医師としての本分であった。そしてそれを教えてくれたのは、他でもない「宗谷」だったと、並河は常日頃感じて生きてきたのだ。

「自分が死んだら『宗谷』の名を戒名に入れて欲しい」

無茶な願いに、寺にはちょっといやな顔をされたというが、なんとか叶い、医師を引退してすぐに戒名が決められた。

『宗谷院医王潔海居士』

「これで黄泉《よみ》の国に行っても、『宗谷』に乗れます」

いつまでも「宗谷」乗組員でいたいと願う人が、並河に倣って、続々とその戒名に「宗谷」

の名を入れ始めているとも聞く。

この三陸沖での遭難は、「宗谷」が山田湾に回避したことから、「山田湾の出来事」として、関係者の間では語り継がれている。必死の救出もしたが、幾多の同胞を見捨てざるを得なかった、苦しい経験であった。

敵機、横須賀に来襲

この、横須賀と室蘭を結ぶ輸送任務では、多くの犠牲を出した。誰が呼んだのか「特攻輸送」とはまさにこのことであった。たび重なる危機に、共に行動する僚船が次々に魚雷攻撃で沈没したり、擱座したりする中、不思議と「宗谷」だけは難を逃れている。山田湾での受難の際、結局、満洲までの任務を果たせたのは「宗谷」一隻だけであった。

そして昭和二十年七月六日、「宗谷」は無事に横須賀へと戻った。ドックに入渠し、あちこち傷んだ箇所の修理を施す。八月一日に出渠《しゅっきょ》予定であったが、当日、西風が強く、とてもドックから出せないため、翌日に延期が決まった。その頃、にわかに慌ただしい空気が走った。

「敵機動部隊が東方海上を策動中！」

情報を得て、即座に厳重な警戒配備が敷かれることになった。「宗谷」の近くには病院船の「氷川丸」、そして戦艦「長門」がフィリピンのレイテから戻り、修理のため軍港内に係留されていた。敵機は横須賀に狙いを定めてくるに違いない。警戒を厳にせよとの命令で、各自待機をすることになった。

地勢上、横須賀への空襲は午後であろう、と常に言われていたため、翌二日は、朝から入渠のまま戦闘準備を整えて待機。炎天下ではあったが、全く暑さを感じないほどの不気味な緊張感の中で、時間はゆっくり過ぎて行った。

午後、太陽が真上を通り過ぎた時、

「敵機来襲！」

案の定、午後一番に、第一波が相模湾より江ノ島を通過し、来襲。その数は約三百機に及んだ。

全てが「長門」を狙った集中降下銃爆撃であった。同時に、至る所に設置された防空陣地から、雷鳴のような砲声が一気に轟く。銃砲音と振動爆音で耳も張り裂けんばかりである。いっさいの通信連絡は不能。艦内での意志伝達は、海軍手先信号を使って行われた。

わずか数分の後、第一波の攻撃は終わった。攻撃は「長門」に集中したため、「宗谷」の被害は比較的軽微であった。しかし「長門」の方は悲惨な状況であった。二十五ミリ機銃の前に座ったまま撃ち抜かれて戦死している者がいる。艦橋も被弾している。たった三百メートルほど離れた場所での惨状に、「宗谷」の乗組員たちは血の気が引いた。この攻撃により「長門」は艦長はじめ、何百名もの死者を出したのだ。

すぐさま「宗谷」では第二波の来襲に備えた。兵員たちが、弾薬の補充、機銃の手入れ、山のように打ち出された薬莢の片付けなど、短時間で一糸乱れずにこなした。

そして約一時間後、第二波が来た。敵機で覆われた空が真っ暗になる。今度は「宗谷」にも容赦なくその矛先は向けられていた。

あまり知られていないことだが、ドックに船が入る時は、盤木の上に船体を乗せて排水をしてしまう。このため、砲銃撃を行う際の振動は船全体を大きく揺すぶり、海上に浮かんでいる時と比べると、その大振動たるや、凄まじいものであったという。加えて、砲爆の大轟音である。耳をつんざくようなその音と揺れの中で、中澤は銃口を真上に向けてひたすら撃ち続けた。次から次へ飛来する爆撃機を追尾するよりも定点射撃が有効なのだ。

この時、空中でピカッと閃光が走った。被弾した敵機が上空から何かを落としたのだ。

「危ない!」

ガソリンが入った補助燃料タンクだと分かった。このタンクが「宗谷」の機械室の天窓に命中した。しかし、幸いにしてドックに入っていた「宗谷」には火の気がない。運良く爆発を逃れたのだ。

「もし引火したら、皆バーベキューだったと、この時は胸を撫で下ろしました」

中澤は振り返る。

ところが、このタンクが機械室の天窓ガラスを破り、室内にガソリンが侵入し始めていたのだ。この時、機械室で指揮を執っていた機械長の松本菊次郎が、ガスの臭いに気がついた。落下したガソリンが蒸発し、室内に充満している。

「このままではいかん、総員退去!」

即座に命じ、事なきを得たが、緊張状態で任務を続けていたため、気づくと失神寸前になっていた者もあり、部下に助けられ甲板に出て、やっと生気を取り戻す一幕もあった。

夕方になってようやく敵機は去った。艦上には爆弾・砲弾の跡が土砂が降ったような勢いで残っている。ガソリンの臭気は一晩中去らず、松本機械長は、翌日になっても自分の息がガソリン臭く、閉口したという。

こうして、「長門」をはじめ、多数の艦船に甚大な被害を及ぼした横須賀空襲でも、「宗谷」の損害は他の艦艇に比べ少なかった。

しかし、横須賀港は惨憺たる有り様であった。その翌日、横須賀在泊中の生存艦は女川港に「疎開」することとなり、一方、「宗谷」は予定通り再び輸送任務に就くことになった。「宗谷」だけが危険な海に戻るのだ。しかし今や、横須賀―八戸―室蘭という危険海域での輸送任務を遂行できるのは「宗谷」しかいないのである。「特攻輸送」は、この時まさに「宗谷」の専売特許のごとき言葉となっていた。

そして終戦

空襲の翌日の八月三日、「宗谷」は、疎開先の女川港に向かう他の船と共に横須賀を後にした。松本機械長の手記から、その時の様子を引用する。

「大空襲の激闘を終えたばかりで、惨状を目の当たりに見た乗組員も語らずの内に容易ならざる戦局を知り、静かに母港を後に見送る船もなく、ユラリユラリと波に漂うブイも、主なく白いカモメの休み場と化し、軍港内もひと際大きくなったような広さを感じました。心の中で一人淋しく『サラバ』を告げ、生還を期し得ない太平洋へと次第に速力を増し、白い航路をカモメが追うような平穏そのもの。『母港よ、母国よ、家族よ、これが今生の見納めとなるかも知れず』と各自心の中に秘めて、ただ懐かしそうに房総や、浮かぶような三浦の山々をジーッと喰い入るような眼差しでした。各戦闘配備の持ち場から非番の者は三々五々黙したままで、眺めている彼方は故郷や家族のいる方向か。

このような悲壮感に満ちた出港も、戦局を察すれば宜《むべ》なきことなれども、軍港に軍艦がなくなるなど信じがたく、また信じたくない海軍軍人の心境です」

かくして八月四日、「宗谷」は女川港へ入港。ここで他の船と別れて、この後は単独で北上する。そして翌日、

「金華山沖を敵機動部隊が策動中！」

「敵潜数隻が行動中！」

入電が続き、このままでは敵中を突破するという、最悪の事態が想定された。そして八月六日、にわかに霧が深まり、不安も深まる中、かすかに敵機の交信音が警戒態勢をとっていた「宗谷」に飛び込んできたのだ。

「近くに機動部隊がいるぞ！　退避だ！」

すぐに、退避すべく八戸港へ向けて速度を上げる。霧はいっこうに晴れない、視界は依然ゼロのままである。しかしこの濃霧が幸いして、「宗谷」は敵に発見されることなく、八戸港に入ることができたのだ。

こうして「宗谷」はこの戦争末期に至っても、重要機材を室蘭へ運び、そして室蘭からは資材を載せて横須賀、横浜に入港するという「特攻輸送」に挑んでいたのである。

松本機械長はまた、このように記している。

「終戦末期の状況を申し述べますと、輸送の船舶がなく京浜工業地帯には石炭、その他全ての原材料が不足、逼迫は言語に絶しておりました。工場は息絶え絶えの操業で、ひたすら輸送を待ちわびるに輸送すべき船も数少なく、わずか数トンの機帆船などで必死の輸送を以ってしても焼石に水であります。

約四千トンの物資を満載した宗谷の入港は、いかばかり生産戦士の士気を鼓舞し、鶴首して待たれ歓喜されたか測り知れません。石炭がなく軍港工廠のボイラーが止まるなどと悲痛な声を聞いても、全く信じられず実際に石炭置場を見て仰天の驚き。置場の山はほとんどなく、踏み固めた置場を掘り起こして一粒の石炭でもと、かき集める様は、正に『黒ダイヤ』

そのものの貴重物資と改めて痛感いたしました。

この一事を見てもいかに物が不足していたかがお察し願えると存じます。同時に、いかに宗谷の存在が貴重であったかも併せお考えください。世界に誇った横須賀軍港も大型艦船の出入りなく、宗谷が最大のトン数の船でありました。

とくに驚いたことは横須賀入港と同時に海軍工廠より修理担当官が来船され、『修理請求書、すなわちオーダーなしで結構ゆえ、悪い所は直ちに修理を行います』とただ口頭でどんどん修理を施工してくれました。実に貴重品扱いを受けておりました。これもまた『幸運』と申すべきことでしょう。

このように宗谷は、敵機動部隊が北に現れた時は南に、南に現れた時は北に常に擦れ違い、捕捉される危険の時は濃霧に助けられ、幾度かの危機を脱し得たのであります。これも天佑神助はもとより、優秀なる山内正規艦長（海兵五十一期）の指揮操舵の巧みさは特記すべき事項と存じます。

どんなに視界が悪くとも接岸・航行の妙を成しとげました。ある時はサーッと霧が晴れたとたん、北海道の恵山岬の山が目前に顔を出し『アッ』とかたずを飲んだ時もありました。かくも優秀な指揮官と乗員が一丸となり一心同体の行為が奇跡を生んで、また幸運を授けられたと信じています」

どのような時も敢然と任務に取り組む、この真摯な姿勢が、「宗谷」の強運を呼んだのであった。そしてその陰では、いつでも「厳しい訓練」を欠かさなかったのである。

ちなみに「宗谷」の強運のもうひとつの拠りどころとされていた「宗谷神社」であるが、そもそも日本の船には、今も昔も必ず神社が在ると言われている。したがって「宗谷神社」だけが特別な存在というわけではないものの、実は、南極観測船に改造した際、「宗谷神社」は取り外されてしまった。ところが、その航海でいきなり凄い台風に見舞われ、再び「宗谷神社」をお祀りすることになったという逸話がある。以来、「宗谷神社」は「宗谷」と離れることはなかった。もちろん今でも船内に鎮座している。

ともかくも、こうして「宗谷」は数々の艱難辛苦《かんなんしんく》を乗り越え、昭和二十年八月十五日、室蘭で終戦を迎えたのである。

第4章　引揚船として、再び

「宗谷」に帰ってきた

終戦から間もなくして、「宗谷」は横須賀に着いた。八月二十九日には、五年間苦楽を共にした軍艦旗の奉焼式が行われる。そして三十日、「宗谷」は米軍に引き渡された。

日本が受諾したポツダム宣言第九条には、「日本国軍隊は、完全に武装を解除せられたる後、各自の家庭に復帰し、平和的且つ生産的の生活を営むの機会を得しめらるべし」とある。これによって終戦時、海外にいた軍人、民間人は、祖国に帰還する権利が認められた。

しかしこの時、海外に散在していた邦人は、軍人・民間人合わせて、その数は七百万人にも達したといわれている。大陸に、南洋諸島に、あまりに広い範囲に渡る、これだけの同胞を内地に引き揚げさせるのは容易なことではなかった。

日本に進駐した米軍を中心とした連合国軍は、東京にＧＨＱ（連合国軍総司令部）を設置し、引き揚げの準備を進めた。まず、厚生省を引揚げに関する中央責任官庁と定め、浦賀・舞鶴・宇品・下関・博多・佐世保・鹿児島などに、地方引揚援護局を開局させている。そして、当時、残存していた海軍艦艇百三十二隻は、引揚輸送に使われることになった。

その中に「宗谷」も含まれていたのだ。こうして、一度は米軍に引き渡されながら、再び日本に返還されることになった「宗谷」は、当時の大蔵省に返還され、船舶運営会に所属する引揚船として働くことになったのである。その頃、中澤松太郎は、故郷である長野県佐久の実家に戻っていた。

「兄さんが……そんな」

中澤は絶句した。復員して、やっと両親との対面を果たした中澤を待っていたのは、二人の兄の訃報だった。長兄も次兄も南方海域で戦死したという。

長い航海で、陸に揚がってもまだ体が揺れている。地面に足を踏ん張らなければ、普通に立つこともおぼつかない。そんな状態に、兄たちの死という衝撃が、追討ちをかけて中澤を激しく揺らした。その状態が何日も続く。体の揺れで、床に入ってもなかなか眠りに就けない。薄れる意識の中でいつの間にか「宗谷」の艦内にいる。コップ一杯の水に手を出し、飲もうとすると、必ず目が覚める。航海中、飲料水は貴重で、欲しいままに飲むことなどできなかった。

「やっと飲める！」

そう思い、飲もうとするところで夢は終わる。

山田湾で死んでいった、何千人の兵士が現れる。助けを求められるが、助けられない。カッターにすがりつく手、手が、至る所から伸びてくる。思わず自分の手を出すと、物凄い力で海に引きずり込まれる。「あーっ」という叫びで飛び起きる。悪夢ばかりの日々だった。

隣の部屋で寝ている両親は、二人の息子を亡くし、末っ子は帰って来たものの、まともな生活に戻れない「後遺症」に悩まされているのを見るにつけ、不憫《ふびん》でならなかった。

「もう二度と、こんな思いをさせたくない」

そう思うのは自然であり、二人の息子が戦死した今、中澤だけが唯一の支えであった。どんなに辛くても、残された三人で力を合わせようと、ただただ思うのみであった。

しかし、その決心に水を差すような知らせが飛び込んでくる。

九月のある日、ラジオ放送から耳に入ったのは、「宗谷」という言葉であった。中澤は、耳を澄まして聴き入った。

「宗谷乗組員は浦賀艤装事務所に集合せよ」

一瞬、全身が凍りついた。「宗谷」が再び海に出るのだ。しかし、自分が「宗谷」に乗って海に出て行くことは、時計の針を戻すのと同じではないか。二人の兄の分も孝行して、これから両親を安心させてやろうと、ようやく冷静に考えられるようになったばかりなのに、そんなことはできるはずがない。もちろん、これは強制ではないのだ。

戦後、外地に残された同胞引揚げのため、再び「宗谷」に乗り組んだ中澤松太郎氏。そして船内で、いくつもの死に立ち会うこととなる。

しかし、外地に残されたままの人々は、一体どうしているのだろうか。着の身着のままで、満足な物も口にしていないのではないか。その苦しみをよそに自分だけが暖かな床についていることを、二人の兄はどう思うだろう。老父母を残して「行くな」と言うだろうか。長い逡巡があった。しかし、中澤の心はもう「宗谷」に向かっていたのだ。

「『宗谷』に戻って、引揚輸送をしよう」

それは、海軍の兵士としての残務処理ではない。「宗谷」の一員としての果たすべき務めなのだと、決心の臍《ほぞ》を固めたのである。

兄たちの戦死の悲しみからまだ立ち直れない老父母には、さすがにすぐには言えず、ようやく事情を説明したのは、出発の直前だった。

「行って参ります」とは言えなかった。出征の記憶が生々しい。適当な言葉が見つからぬまま、中澤は故郷を後にした。老父母はどんな表情で見送ってくれたのか、その顔をまともに見ることはできなかった。

引揚輸送は急を要していた。外地に残された人々の状態は、日一日と悪化の一途を辿っている。「宗谷」に戻ってきた乗組員は半分くらいであったろうか。浦賀艤装事務所でそれぞれ乗船手続きを取った。

「本船は引揚輸送のため、十月一日より、カロリン群島のヤップ島に向けて出港するので、全力を尽くして協力するように」

元「宗谷」乗務員の少佐らが代表となり指示を出す。その中には、元機械長の松本もいた。中澤や他の元水兵たちも、思わず緊張し、敬礼しようと体を構えるが、もうその必要はない。最初は、それに戸惑いを感じたが、敗戦と共に始まった「新しい人間関係」にも慣れていかなければならなかった。

「宗谷」に一歩足を踏み入れると、愛おしく、懐かしい想いが、ふつふつと湧き上がってきた。

「帰ってきた」という思いだった。狭い船内も、不安定な足元も全てが「我が家」のように思えた。

しかし感傷に浸る暇はなかった。期限までにやらねばならぬことが山積みである。とにかく一カ月足らずでこの船を、引揚船に仕立てなければならないのだ。

まずは、機械類がこのまま使えるのかどうか調査を始める。なんとか問題ないと分かると、燃料、食糧、毛布、その他、人々が乗った場合に必要な資材を搬入する。そして、引揚者を収容する部屋も造らねばならない。これは、「ホールド」と呼ばれる船倉をあてることにするが、ここには石炭が山積みになっていた。急ピッチでこれを運び出すのだが、予想外に時間がかかり、このままでは石炭を外に出すだけで出発の日を迎えてしまう。仕方なく半分はそのままにして、積まれた石炭の上に収容室を造る有様であった。

さらに甲板には、トイレや洗面所を設置しなければならず、これら全ての作業に、乗組員たちがあたったのである。こうして全員が、海軍時代の立場や階級にかかわらず、毎日遅くまで作業をし、なんとか、かろうじて予定の出発日に間に合った。

日章旗、そして軍艦旗なき航海

十月、宗谷はヤップ島に向けて出発する。日本中の留守家族の期待を背負って、浦賀から錨を揚げたのである。

洋上には、多くの機雷が浮遊しており、戦争が終わったとはいえ、危険な航海に違いなかった。実際、こうした引揚輸送において、せっかく船に乗れても機雷で船が沈没し、亡くなった人も多くいる。とくに磁気機雷については、終戦から年月を経ても、その威力が衰えなかった。Ｂ29爆撃機から投下された後、海底に海鼠《なまこ》のように潜み、海上を鉄船が通ると、鉄の磁気に反応して爆発するのだ。

なお、このように海に残された機雷の掃海作業は、終戦直後の海軍から復員省、第二復員局、運輸省臨時掃海管船部、そして海上保安庁と引き継がれ、日本人の手によってなされており、その際、少なからずの尊い犠牲も出ている。しかし、GHQは、この磁気機雷そのものが、国際条約に違反していることから、掃海作業が行われたことも、殉職者が出たこともいっさい公表を許さなかった。

つまりこの時の殉職者は、祖国再建の途上にあって、人柱となったのである。そしてその間、日本は世界第二位の経済大国に成長し、繁栄を謳歌していたのだ。

しかし、経済発展に欠かせない貿易船の往来や港の整備は、自然に整ったわけではないのだ。このためには、海の大掃除が必要で、その仕事を命がけで遂行した人々がいることを、国民は記憶に留めることすら許されなかった。だが、それに甘んじて、今日まできてしまった一面も拭えないのである。

戦争が終わったにもかかわらず、引揚輸送に従事した人、その中には機雷によって命を落とした人もいる、そして掃海作業にあたり殉職した人々、こうした「縁の下の力持ち」の多くは元軍人であった。彼らに思いを致すことなく海に置き去りにしたまま、日本列島では「平和」の大合唱が始まり、多くの人々がそれに酔いしれていたことをつけ加えておきたい。

さて、引揚輸送が始まったこの頃、GHQは日本船を管理するための「日本商船管理局」（SCAJAP《スカジャップ》）を設置していた。「宗谷」をはじめとする百総トン以上の日本船は、連合軍の管制下にあり、国旗の掲揚を禁止された。その代わりにSCAJAP旗を揚げて、船腹にはSCAJAP番号を大きく書くことが義務付けられた。このため、この時の「宗谷」には「S‐119」という番号が大きく書かれている。ちなみに距岸三海里以内の海域で、我が国の国旗掲揚が許されるようになったのは、昭和二十四年一月であり、SCAJAP番号を消して、外航船にも日の丸掲揚が許されるのが、昭和二十六年の九月、サンフランシスコ平和条約締結後であった。

「見知らぬ同胞よ、死なずに待っていてくれよ」

そんな想いを胸に、中澤は南洋航路の上にいた。「宗谷」にはもう、軍艦旗も日章旗もないのだ。大海原を見ていると、かつてすれ違った、あの頼もしい帝国海軍の艦艇が、今にも現われそうな気もしてくるが、それも、過ぎし日の夢であった。日本は敗れたのだ。戦いの記憶はこの海の底に眠っている。虚しさを感じながらも、せめてたくさんの同胞を連れて帰って、少しでも救われたい気分になっていた。

静かな航海が急変するのは数日後のことであった。「宗谷」は台風圏内に突入してしまい、海は大しけとなった。戦時中は、少しも船酔いをしたことのなかった中澤は、あの鬼上官、荻原左門の鉄拳から、また海軍の厳しい軍律、訓練から逃れた気の緩みであろうか、激しい船酔いに悩まされた。

底がたらい型に造られた「宗谷」の揺れは容赦ない。激しい吐き気と虚しさを抱えたまま、揺れに身を任せるしかなかった。

大波の中、一体、進んでいるのか戻っているのか分からない航路であったが、やがて、モアッとした南方の生暖かい空気が身を包み、目的地に近づいてきたことが分かった。

「ヤップ島だ！」

ヤップ島は遠浅のため、接岸ができない。「宗谷」は沖合いに投錨することになった。現地の責任者と打ち合わせた後、翌日から、小船に乗った陸軍の兵士が続々と「宗谷」に乗船してきた。栄養失調のため、戦友の肩を借りて歩く者が多い、デッキに上がった途端に感極まって嗚咽《おえつ》する姿もあった。その光景を見て中澤は、これまでの苦労が吹き飛ぶ思いだった。

しかし、中澤にはどうしても気になっていることがあった。南方で戦死したという兄たちのことである。運よく生き延びていて、この船に乗船してきて欲しいと、儚《はかな》い望みを秘めていたのだ。中澤は乗船する兵士の顔を、食い入るように最後の一人まで見届けたのだが、ついに兄たちの姿を見つけることはできなかった。

この時、「宗谷」に乗って帰国した大内日出男は、当時の様子を手紙に残している。

「私の引き揚げは、昭和二十年十月のヤップ島発、浦賀行きの宗谷でした。ヤップ島からの最初の引揚船に、徴用された朝鮮の人々や病人とその引率者が乗っていました。乗船に際しては、刀剣類は米兵に没収され、ナイフなども取り上げられました。

船内は引揚者がぎゅうぎゅうに詰め込まれ、甲板や廊下にまで人が溢れていました。その上、船内も甲板上も大変暑く、全く生きた心地もしませんでした。

また、食糧が不足しがちで、班ごとに当番が食事を取りに行くのですが、先に行った班が分量の多い他の班の分を取ってしまうので、飯の不足する班が出ることもありました。

食事と言えば、それまでの立場が逆転して、抑圧されていた朝鮮人が元気を取り戻し、威張っていた日本人が逆に指図されるようなこともありました」

船内の空気は、帰国の喜びの中に、暑さ、空腹、無秩序の混在する、一言で表現できない混沌としたものであった。

船内で兵士に聞いた話によると、ヤップ島は、敵の空襲は受けなかったが、内地からの物資の補給が途絶えたため食糧がなくなり、島に生息するヘビ、トカゲ、ネズミ、何でも口に入るものは食べて飢えをしのいだという。そのためか、体の筋肉が硬くなっていた。それが乗船して一週間ほど経つと、「米を食べて筋肉が柔らかくなったよ」と、笑いながら腕をもんで見せてくれるのは救いであった。

故国の沖で、力尽く

当時、ヤップ島にいた全ての人が栄養失調だったため、急に米を食べて死んでしまう人も多かった。体が対応できないためだ。

死亡した兵士は水葬にされた。この作業は中澤たち甲板員の仕事であった。遺髪を切り、骨箱に収め、遺体が硬直する前に両手を合掌する形に組み、毛布に包み、おもりを付け、艦橋に準備が終った合図をする。「ボーーッ」と汽笛の音で乗員全員が黙祷する。その時、甲板員が遺体を海中に投下するのだ。

中澤は、当時の様子を手記にこう記している。

「せっかく内地を目前にして、どんなにか待ち望んでいたであろう祖国の土を踏むことなく、肉親との再会も果たせず、海中に沈んで行く兵士の霊を思うと、あまりの犠牲の大きさに涙が溢れた」

悲しみの旅路も終わりに近づいていた十月二十四日、水平線上にぽっかりと富士山の姿が見えた。

「富士山だぞー！」

やっと内地へ帰れるという歓喜の声で船内がどよめいた。中澤も、責任を果たし終えた満足感でほっとしたその時、

「おい！　しっかりしろ！」

甲板員がその場に倒れた兵士を抱き起こしたが、すでに息を引き取っていた。見れば、よく言葉を交わしていた、あの兵士だ。なんということであろう、あと少しで内地ではないか。故郷の土を踏むことを、あんなに待ち望んでいたのに……。中澤は、悔しくてたまらなかった。

こうして、喜びと悲哀に満ちた最初の引揚輸送は終わった。無事に帰国した最初の引揚者は千二百八十名であった。

中澤は、出発の際に、両親と約束したとおり、船を降り、内地で働くことになった。

手記はこう締めくくられている。

「砲弾の撃ち合いだけが戦いではない。このように帰国途中、ついに力尽きて海中に沈んでいった兵士のことを忘れてはならない。彼らは空腹と衰弱と病魔と闘い、精魂の全てを燃焼し尽くしたのだ。

戦後、半世紀あまりが過ぎたが、彼らは祖国日本の繁栄と、肉親の安泰を願いながら、北の大地で、南海の孤島で、散っていったのだ。この事実を再確認して、あらためて祖国日本の興隆に尽くす責任を感じる」

その後、「宗谷」の引揚輸送は、グアム島、トラック島、上海と続いた。回を重ねるごとに引揚船に乗る人々の疲労消耗も増し、状況は厳しくなっていた。

昭和二十一年二月から「宗谷」の艦長を務めたのは土井申二・元海軍大佐（海兵四十五期）であった。土井は、かつて日露戦争の日本海海戦で東郷元帥が座乗した旗艦「三笠」にも、その後、乗艦勤務していたことがあり、「宗谷」と「三笠」という戦前建造の海軍艦艇で現存している二隻に乗った、非常に稀な経験の持ち主である。

土井は就任早々、苦難の連続だった。この頃、共産党が台頭し、浦賀ドックはストライキ中で船体の修理もろくにできず、また八百人の台湾人を浦賀から乗船させたが、態度はこれまでとは打って変わった横柄さで、戦勝国民気分の振る舞いは目に余るものがあった。土井艦長は乗組員に対し、言葉遣い、動作にも細心の注意を払い、衝突を避けるように指示したが、その甲斐なく、摩擦は絶え間なく起こった。

「このままでは航海に支障が出るかもしれない」

土井は頭を抱えたが、この一団の中に、立教大学で中国語の講師をしていた台湾人がいることが分かると、土井は早速、声をかけた。

「漢詩をご指導頂けませんか」

実は、土井は幼少の頃から漢詩に親しんでいた風流人でもあり、すこぶる心得があったのだ。これがきっかけで親交を深めることとなり、このことが台湾人たちとの意思疎通を深めることにもつながったのである。これ以来、問題はほとんど起きなかった。

新たな命、失われた命

さらにもうひとつ喜ばしい出来事もあった。台湾からの引揚者を乗せ、佐世保に立ち寄り、呉に向かっている途中の、昭和二十一年三月二十三日の朝、船内で赤ちゃんが産まれたのだ。おめでたいことだけに、その日は特別に赤飯が炊かれ、振る舞われた。厳しい条件下での引揚輸送の毎日であったが、久しぶりに心なごむ出来事であった。父親の依頼で、名前は、土井が命名することになった。土井艦長は「宗谷」の一文字をとって「宗子《もとこ》」と名付けた。

実はこの時、土井には胸に秘めた想いがあった。未だ帰らぬ一人息子の輝章《てるあき》のことである。昭和二十年二月、マニラ落城の際の海軍中尉で連合特別陸戦隊第二中隊の中隊長をしていたが、戦死公報はまだ届いていない。土井は、「宗谷」の艦上で密かに朝夕息子の無事を祈念していたのだ。

しかし、想いは届かなかった。宗子ちゃんの生まれた喜びも冷めやらぬ頃、土井は愛する息子の戦死の知らせを受けるのである。土井は、たった一人艦橋に立ち、はるか彼方のマニラを望んだ。暮色の中、静かに揺れる「宗谷」に身を任せて、土井は誰にも知られず、息子の死を悼み、冥福を祈った。その時の心の動きを土井は和歌に託している。

霊あらば　我に告げてよ　戦いの　ありし姿を　夢のまにまに

よなよなに　ありし我が子の　昔をば　しのびて今は　たのしかりけり

父子ともに　いくさの庭に　出でにしを　我のみ残る　今日の苦しさ

海軍軍人として生きた父子であった。

ゆえに、仮に息子が生きていたとしても、あるいは悲報を受けても、人前でその感情を露わにはできない。もしかしたら土井は、だからこそこの時、引揚船の艦長を引き受けたのではないか、そう思うのは、私の考え過ぎかもしれない。

だが、この言いようのない悲しみを、誰にも知られぬよう「海」と「宗谷」にだけ打ち明けた。この時、土井には、そうするしかなかったのだ。

その後、「宗谷」は、ベトナムのサイゴンで陸軍部隊の引揚げを行い、土井はこの部隊を帰国させて「宗谷」を降りた。

南方からの引揚げを続けた「宗谷」は、次に北方の同胞を迎えに出ることになる。昭和二十一年七月からの葫蘆島《ころとう》引揚げである。これは、これまで以上に辛い現実と直面しなければならないことを意味していた。

引揚船「宗谷」(小樽にて)。日ソ中立条約を破り、ソ連軍が侵攻した大陸からの引揚げは、凄惨を極めた。

昭和二十年八月九日、一方的に日ソ中立条約を破り、満洲に侵攻したソ連軍は、日本人に暴行、略奪の限りを尽くした。そして暴徒化した中国人からも攻撃を受け、多くの日本人開拓団が壊滅的な被害を出し、集団自決をして全滅したところも少なくなかった。顔に墨を塗り、逃げまどう女子供を執拗に見つけ出しては陵辱《りょうじょく》殺害した。

民間人だけで、二十万ともいわれる多大な犠牲者を出した満洲からの引揚げは、悲惨で、正視できないほどであった。ソ連兵の目から逃れるために、髪を刈って丸坊主になっている女性たちがいる。ある子供は目玉が出かかっている。これは、泣き叫ぶ子を連れて逃げた母親が、ソ連兵に気づかれることを恐れ、断腸の思いで我が子に手をかけたものの、殺すことができず、途中まで力を入れて締めたため、眼球が飛び出したのだという。

そして、ソ連兵から暴行を受けたが奇跡的に殺されず、引揚船に乗ることができたものの、不幸にもソ連兵の子供を身籠ってしまった女性は、内地に上陸すると、港の柱に手をかけ力んで堕胎を試みたという。

この「ふんばり柱」の存在など、後世には知られていない、語られていない真実がさまざまにある、引揚船「宗谷」は、その全てと向き合わなければならなかった。

昭和二十二年二月二十二日、「宗谷」は大連からも引揚げを行った。この時、乗船した石塚レイコの日記には、船内の状況について、このように書かれている。

「石炭船の名残りがあちこちに見られる。船室といっても、倉庫を仕切っただけの簡単なつくりである。八百人が乗船予定だったところ、五百人も余計に乗船させてしまったのでひどい混雑。船底にまで人が溢れている」

船上や船内で亡くなる人は増える一方だった。とくに船底は衛生状態も悪く、「また死んだ」「また死んだ」という声が絶えなかったという。とくに子供の死は見るに堪えなかった。日記にもその悲劇が記されている。

「下痢が原因で子供が死亡した。大連の収容所では塩サバの入った玄米飯がよく支給された。食べなれない玄米のために、消化不良を起こした九才位の男の子は船中でも下痢が治らず、最後には脱水症状で死んでしまったのだ。

その男の子の水葬は酷かった。それまでの水葬は、遺体を麻袋に包んで紐で縛り、甲板の手すりにのせた板から海へ落とすと、重りの重さで直ぐに海中へ沈んで行った。

ところが、その子の時には、もう重りがなくて、遺体が浮き上がって来た。おまけに船にまとわりついて離れない。

親御さんにしてみれば、遺体を海に捨てられて骨を持って帰れないというだけでも辛いのに、我が子の亡骸が船に寄り添うようにしてなかなか離れないものだから、母親は半狂乱になって海に飛び込もうとするほど。それを父親や乗組員が後ろから羽交い締めにする。悲しみの極みだった」

「宗谷」はその後、昭和二十三年までに、樺太や北朝鮮などからも引揚げを行った。とくに樺太からの引揚げは十四回に及んでいる。樺太は、終戦直後にソ連軍の侵攻を受け、ここでも多くの無辜《むこ》の民が殺害されている。

引揚船「宗谷」の着く港は真岡（現在のホルムスク）であったが、ここはソ連軍が迫る中、真岡郵便局の九人の女子電話交換手が、最後まで避難経路などの連絡通信を務めた後、自決した、あの悲劇の地であった。九人の乙女は、「宗谷」に乗ることなく散華した。

こうして「宗谷」は、昭和二十三年の最後の引揚げまでに、約一万九千人に及ぶ人々を祖国へと送り届けたのである。

「波の背の背に　揺られて揺れて　月の潮路の　かえり船」

終戦の翌年、田端義夫の「かえり船」が大ヒットした。「かえり船」のモデルは「宗谷」だと、誰かが言ったという。巷《ちまた》の噂ではある。

しかしそれは、この時「宗谷」に乗って帰ってきた一万九千人の人々にとっては、間違いなく事実である。そしてこの人々が「かえり船」に辿り着くまでの物語も、一万九千通り、人の数だけあるのだ。その多くの中のひとつだけを、次に取り上げてみたい。

第5章　命懸けの逃走

誰もいない原生林で

荻原雅隆は長野県の小諸に生まれた。陸軍予備士官学校を出て任官し、ソ満国境に配属され、そこで終戦を迎えた。しかし、満洲では安堵する間もなくソ連軍の手が及び、日本の将兵はことごとくシベリアなどに送られることになったのは周知の事実である。

だが、その直前、技術系の将校だけは中国共産党軍に編入されることになった。荻原はそのひとりであった。日本軍からの鹵《ろ》獲《かく》品《ひん》の操作や修理の要員に、と目をつけられたのだ。

ところが、技術系の将校とは名ばかり。実際には学徒出陣の若者ばかりで、未熟でろくに役に立たないと分かると、その途端、中共軍は容赦なく彼らを内戦の戦場や炭坑に送ったのであった。

こうして荻原たちは炭鉱に送られ、そこで過酷な労働を強いられることになった。炭坑での生活は悲惨極まりなく、一緒に連行された仲間は、二年の間に十人のうち四人が事故や病気で次々に死んでいった。

ある日、荻原と一緒に連行され、共に苦労を分かち合い、励ましあった親友が死んだ。その時の心境を、荻原は手記にこう綴っている。

「親友の死骸を山まで担いで行き、墓穴を掘って埋めました。新しい土をかけ、その上に石を置き、短い生涯であった親友の冥福を祈った時、初めて涙が溢れました。九州に父母兄弟を残し、誰にも知られることなく、彼はただ一人冥途《めいど》に旅立ったのです。

そしてその時、私は悲しみを通り越して、次は自分の番かと思いました。今のままだと、いずれ俺も死ぬだろう。その時、俺を葬ってくれる人がいるだろうかと思うと、不安と絶望で頭の中がいっぱいになり、その夜はついに一睡もできませんでした。考えれば考えるほど、胸が苦しくなり、気が狂うのではないかと思いました」

そして、満洲のあまりにも短い春が終ろうとしていた昭和二十二年四月下旬、荻原は決心を固めたのだ。

「いちかばちか運を天に任せ、満洲の共産圏を脱出しよう。どんな危険も、どんな苦しみにも耐え抜き、父母の待っている祖国日本の土を踏むのだ！」

そして、すぐに逃亡の準備を始めた。

まず初めに、同じ炭坑内で働いていた朝鮮人に、満洲と北朝鮮の国境の川である豆満江《とまんこう》を渡るテクニックを教えてもらう。炭坑にいた半分は朝鮮人で、彼らは日本語で会話ができた上、それまで荻原もできる限りの面倒をみたことで、信頼関係を築いていたのだ。

こうして周到に事を運び、準備には一カ月をかけた。そしてある朝、薄暗いうちに、炭坑を飛び出し、必死で山へ逃げ込んだのである。残して行く仲間のことを考えると、後ろ髪を引かれる思いではあったが、心を鬼にし、原生林の一本道を東へ東へと走り出したのだ。国境の豆満江までは四十キロほどの道のり。夕方には到着する予定であった。

しかし、豆満江どころか、延々と続く原生林の中であっという間に日が暮れてしまった。やむなく野宿をする。その不安に包まれた心境を、手記にはこう綴っている。

「誰もいない大森林の中で、たった一人過ごすその不安と淋しさは、とても言葉には表せません。もし野犬の群れに襲われたら、俺は誰にも知られぬまま、今晩、この世から消えてしまう。そう考えた時、ふと頭の中に、特攻隊に志願して太平洋に散った同級生の顔が浮かび、靖国神社に祀られた彼が羨ましく思われました。

また子供の頃から可愛がって育ててもらった亡き祖母の笑顔、やさしかった父母の姿、そして、よく喧嘩した二人の弟たちのことなどが、走馬灯のように頭に浮かんでは消えていきました」

野犬や狼に脅えながら、原生林の中で過ごす夜、睡魔と闘うため、荻原は軍歌や母校の小諸商業学校の校歌を歌い続けていたという。そしていつの間にか眠りに落ち、気づくと白々と夜が明けている。

「助かった……！」

思わず天を仰ぎ、手を合わせた。自分を護ってくれている偉大なものの存在を意識した瞬間だった。そして再び歩き出し、日も暮れかかった頃、ようやくはるか彼方に豆満江を確認したのである。

豆満江の対岸、北朝鮮側は会寧《かいねい》という。戦争中は日本軍も駐屯していた満洲と北朝鮮を結ぶ交通の拠点であった。この豆満江を渡るには、渡し舟もあるが、これは逃亡者や身分証明書のない者は乗ることができない。

荻原は炭鉱を脱走する際に、この少し上流に行けば、ヤミ業者がいることを教えられていたので、そこを探すことにした。金は脱走準備の一カ月で調達していたのだ。それらしき小屋を見つけ、金を渡すと、男は黙って船を出し豆満江を渡った。豆満江の中国側には国境警備兵がいて、軍関係の密航者は発見されると、引き戻されて処刑、逃げればその場で射殺されると聞いていたため、成功したその瞬間、体中の緊張が解け、その日はよく眠ることができた。

当時の北朝鮮は特殊な状況下にあった。終戦と同時にソ連軍が満洲だけでなく、朝鮮にも侵攻し、「朝鮮民主主義人民共和国」を造り上げ、その首領には、金日成が就任していた。

しかし、言葉は、一部は朝鮮語だが、大方は依然日本語が使われていた。

終戦直後は残留していた日本人に対する誹謗・中傷・いじめは痛烈で、迫害も多かったそうだが、戦争が終って二年も経つと、今度はソ連兵の横暴の方が目立ち始め、とくに婦女子に対する暴行などが頻発していた。しかし、新政府は全く太刀打ちできず、ただ泣き寝入りするばかりであった。そうした中、以前の日本統治を懐かしむ気運が生まれ、日本人に対する感情がやわらぎつつあったのだ。荻原が北朝鮮の土を踏んだのは、幸いにもそうした時期であった。

しかし、予定外のこともあった。逃亡計画を立てた当初は、北朝鮮に入っても極力人目を避けて東に向かい、韓国に向かうつもりでいた。「そうすればきっと日本へ帰れる」。その一念だった。

しかし、原生林での野宿や栄養失調の状態で、すでに体が言うことをきかない。いったん人目につかない小屋の中で休養をとったものの、やはり回復の兆候は見られなかった。

「このまま逃亡を続けても、倒れてしまうかもしれない」

とはいえ、身柄を拘束されれば、二度と祖国の土は踏めないだろう。弱りきった体で悩みに悩んだ末、荻原は計画を変更することを決心した。会寧の街へ入り、自ら警察に出頭し、保護を求めたのである。

金日成の企み

苦渋の決断だった。しかし、それしか道はなかったのだ。

そして留置場へ入った荻原は、思いがけず、同じ部屋にいた朝鮮人から貴重な情報を得たのだ。

「日本の最後の引揚船が、今年の冬、元山港《げんざんこう》に入る」

終戦から三年が経ち、その間に日本からの引揚船は何回も来港したが、もはや残留日本人も少なくなり、次にやって来る船が最後になると言うのだ。

最後の引揚船が元山に来るまで、あと五カ月ほどである。会寧から元山港までは約六百キロ。汽車に乗れば一日で着く距離だが、それには乗車賃と身分証明書が必要である。しかし、そんなものを持っているはずはない。最後の船に乗れなかったら、二度と日本へは帰れない……。絶望的な思いに襲われるが、しかし、

「時間は充分にある。歩くことだってできるのだ」

そう自分を励まし続けるしかなかった。留置されてから数日後、荻原は警察署長から呼び出された。署長が直接話したいとは何ごとであるかと警戒しながら部屋に入ると、「お座り下さい」と、丁寧な日本語で話しかけられ、ソファーに座るよう促された。口調は極めて穏やかである。

聞けば、昭和十五年頃、東京の大学を卒業し、海軍に入ったのだと言う。なるほど、頭がきれそうで世が世ならば、海軍大尉くらいにはなっていただろうと推測する。

調書を見ながら、

「小諸の出身ですね」

そう切り出し、島崎藤村の『破戒』の話になると、荻原よりも詳しいほどだ、次第に、

「この人ならば身分証明書を出してくれて、日本に帰してくれるのではないか」

とほのかな期待を抱くようになり、荻原は署長に気持ちを打ち明けてみた。すると、

「日本に帰るのはいいですが、今、日本はアメリカに占領されており、大変な不況で、職のない若者が巷に溢れています。政治も経済も混乱を続けています。けれど、北朝鮮は、金日成将軍の善政により、理想の国が生まれようとしています。多くの日本の青年男女が共鳴して、今、清津《せいしん》で教育を受けているのです。荻原さんにもぜひ、その様子を見てもらいたい。それで日本に帰りたいのであれば、帰るのは自由。その時には、我々が責任を持ってその手続きを取って差し上げます」

という返事が返ってきた。

「地獄に仏」と、嬉しさに胸を膨らませた荻原は、地下の留置場へ戻り、同室の者に、事の一部始終を話すと、今度は想像もしていなかった恐ろしい話を聞かされて、頭から冷水を浴びるかっこうになったのである。

話はこういうことだった。

終戦まで日本に統治されていた朝鮮半島が、終戦と同時に北緯三十八度線を境に南北に分断され、南に米軍、北はソ連軍の占領地となった。それまでは政治、経済、警察、学校など上層部を全て日本人が担っていたわけだが、その日本人がいなくなり、後を引き継いだソ連軍では、政治の体をなさなかった。そこで、ソ連は反日パルチザンの親分だった金日成将軍を北朝鮮のトップに据えたのである。そしてその子分たちが、政府の要職についていたのだが、一般常識に欠ける彼らは好きなように振る舞っていた。気に入らなければ反動分子とみなし処刑する。しかも裁判所も学校もない、そんな社会情勢の中で新しい国家の建設を進めようという無謀な試みを、金日成はしていたのだった。

そこで金日成は、優秀な人材を探すことにした。それには日本で教育を受けた者がてっとり早い。

「満洲から逃げ込んでくる日本人を狙え」

という号令により、日本人逃亡者を待ち焦がれていたのだ。そこに荻原は飛び込んで来たのだ。

会寧の警察に優秀な警察署長を任命したのも、ここに満洲から日本人が逃げ込んでくることを想定し、その日本人が使えると分かれば、上手く口説いて、清津にある日本人教育施設に入れるという企みであった。その施設は、入ったらまず出られない、出る時には、どこに回されるか誰にも分からない、それに逆らう者は処刑されるという所であった。

荻原は全身から血の気が引くのが分かった。

「中共での悪夢をまた繰り返すのか」

まさに天国から地獄へ落とされる思いであった。せっかくここまで逃げて来て、五カ月後には、最後の引揚船が来ることも分かったのに、こんな所で自分の人生を終わらせるなんて、それでは炭鉱で死んだ親友にも、残してきた仲間にも、申し訳が立たないではないか。そう思うと、悔しさでやりきれない。

しかし、荻原は気を取り直し、

「この上はまず、敵を安心させて隙を作るのだ」

そう心に秘めて、平静を装い、機会を窺うことにした。

「彼を知り、己を知れば、百戦殆《あや》うからず」

予備学生時代に習った、孫子の「兵法」。こんな時に役に立つとは、あの頃は思いもよらなかった。

元山港をめざして

数日後、荻原は汽車に乗せられ、会寧から清津へ護送されることになった。

「ぜひ日本人教育施設を見せてください」

警察署長の誘いを快く承諾したのだった。

汽車がゆっくりと会寧を出発する。この新津までの行程が、最後のチャンスだ。なんとしても脱出して、日本行きの船に乗らねばならない。失敗すれば、待っているのは「死」のみである。知らず知らず、緊張で体に力が入る。

「こんなに弱った体でできるのだろうか……」

しかし自分は、あの中共の炭鉱から奇跡的に逃げることができたのだ。先祖から受け継いだ自身の運命や偉大な力に自分は生かしてもらったのだ。そうしてもらった命ならば、簡単に放棄することがあってはならない。これまでの辛く苦しいながらも、恵まれた運命への報い、そしてこれから自身が歩むべき未知の運命への責任、その過去と未来の運命を背負って荻原は汽車に揺られていた。

清津が近づいて来た。もはや後がない。今しかないのだ。汽車は小さな駅を発車しようとしている。その瞬間、監視員の一瞬の隙を狙って、荻原はデッキから飛び降りた。一目散に近くの林に逃げ込む。無我夢中であった。

荻原は、再び脱出に成功した。しかし、これからどうするのか全く考えてはいなかった。途方に暮れながら、夜は無人小屋や農家の軒下などで仮寝をする日々を過ごしていたが、やがて清津の街に入り、今度は浮浪者に交じっての生活が始まった。

清津の街は失業者で溢れ、それらが路上生活をしていた。警察はほとんど機能しておらず、混沌としている。彼らに荻原が恐る恐る近づいて行っても、拒否するわけでも素姓を聞くわけでもなく、淡々と受け入れてくれる。仲間といっても、何か規律があるわけではない。食べ物を探して、分け合うだけだ。日雇い仕事にありついて、日銭を稼ぐこともあった。

プライドを捨てることに、最初は抵抗があり、苦痛でもあった。しかし、目の前にある「生きる」という唯一の目標のためには、見栄や外聞など、この時の荻原にとってはどうでもいいことであった。

浮浪者の仲間は、話してみると善良で憎めない人も多く、慣れると、安住の地にも思えたが、このままこうしてはいられない。彼らと別れ、寝ても覚めても心から離れない故郷、その故郷へ帰る船が着く元山の港へ向かって、再び歩き始めたのだ。

初夏の清津は穏やかであった。花が美しく咲き乱れ、農業も漁業も一番活気づく季節であった。

当時、北朝鮮の農村にも、若い人たちが都会に出ていく傾向があり、人手不足は悩みの種であった。日雇い労働者は歓迎され、荻原は労働力として農家を転々とした。

貧しい生活を送る小作農の人たちではあったが、故郷に帰りたい一心で働きながら旅をする、その姿に同情したのであろうか、野良仕事や食事を提供してくれた。しかし、いくらやさしくしてもらっても、残された日数には限りがある。同じ場所に長く留まることはできない。荻原はそのつど、心から感謝の意を伝え、また東へ向かう旅に出るのであった。

夏本番になるとさすがに暑い。北朝鮮の山脈から流れ出す川は清流が多く、川辺で汗ばんだ服を洗い、ひとり水浴びをするその時、脳裏に浮かぶのはいつも故郷であった。その時の心境をこのように書いている。

「私は、小学校時代から小諸商業の時代まで、夏になると必ず千曲川で泳ぎ、石の下のハヤを掴み取りしていましたが、その時のことを思い出しました。懐かしい浅間山の風景や小諸の情景が、彷彿と頭に浮かび、居ても立ってもいられないような気持ちになると共に、あと三カ月頑張ればその小諸に帰れるのだ、どんな苦難に耐えても負けてはいられないと、自分の心に言い聞かせ、ふたたび歩き続けました。

ただその時に、水に映った自分の顔を見て驚きました。目はくぼみ、頬はやつれ、黒かった髪の毛は茶色に変わり、ひげは伸び放題、自分ながらとても昔の顔とは見えず、泣きたくなりました。

それもそのはず、真夏の日差しをまともに受け、汗だくで一日中働いても、農家で出してくれる夕食は粟や麦の混ざったボロボロ飯。おかずは栄養価の低いキムチだけで、誠に味気ないものでした。それが小作農家のしきたりなのでやむを得ないのですが、空腹で夜中に目が覚めた時などは、体中がだんだん空虚になっていくような気がしました。そんな時、眠りが延々と続いたらどんなに楽だろうと思ったこともありました。飢えの苦しみは、それを体験した人だけにしか理解できない苦しみです」

夏の暑さも峠を越した八月下旬、興南付近に辿り着く。清津から四百キロほど離れた場所だ。目指す元山港は目と鼻の先に迫っている。高揚する気持ちとは裏腹に、体は衰弱し切って、一歩も前へ進むことができない。あと一歩のところで、もはや歩くことも働くことも苦痛になってきていたのである。

ラジオ屋の主人の好意

精根尽き果て、抜け殻のようになりながら辿り着いた農家で、ふと見ると、そこにラジオがある。ところが音が出ないという。中を調べてみると、真空管の中で、整流管だけが故障していて、他には異常がない。それを主人に話し、翌日、街に出て新しい整流管を購入し、それを交換するとすぐに音が出るようになった。

すると、主人は大喜びで、近所から我も我もとラジオ修理の依頼が舞い込み、その日から農家の小屋で、にわか電気修理屋となってしまったのだ。そうなると、修理道具や部品を買いに街に出ることも多くなり、顔馴染みになった店員から、残留邦人や引揚船の情報なども入手することができるようになった。そしてそれによると、この冬に、日本の引揚船が元山の港に入るのは間違いなさそうである。荻原の胸が高まった。

いつの間にか、暑い夏が終わった。ある秋の夕方、馴染みになったラジオ屋の主人が相談したいことがあると言う。かつて日本人が経営していたこの店で、店員として働いていた彼は、日本人が引き揚げた後、店を譲り受け、営業を続けたが、引揚げ時の慌ただしさで、標準型のラジオについては、取扱いを教えてもらったが、高級型については修理の方法が分からなくて困っている。ここに客から持ち込まれたラジオ数台が放置されているが、修理し再生することはできないかということであった。

小諸商業学校時代、荻原はラジオの組立てに没頭していた。一年生の頃、「少年倶楽部《しょうねんくらぶ》」の広告欄を見て、どうしても欲しくなった鉱石ラジオの組立て部品。これを、なけなしの小遣いをはたいて購入してから、夢中になった。卒業までの五年間は、勉強と、暇さえあればラジオの製作をした。初めて音が出た時の喜びから、二球式、三球式と進み、当時最新鋭とされた五球スーパーを、完全にマスターできた時の喜びは忘れなかった。今、目の前に置かれたラジオは、その五球スーパーである。

「ぜひ、私に修理をやらせて下さい」

即座に修理の依頼を引き受け、翌日からラジオ店の二階に住み込んで、主人と二人で修理作業を始めることになった。そして、廃品同様だったラジオを次々に再生させ、店は予想以上の儲けを得たのだ。荻原はそこで、知っている限りの知識や技術を主人に教えることも忘れなかった。

ここで、荻原は四年ぶりに布団で寝ることができた。豪華な朝鮮料理を御馳走してもらうこともあった。主人から、謝礼金を出したいという申し出があったが、それは辞退した。

「今までの辛い日々から比べたら、今は天国のようです。その代わり……」

その代わりひとつだけ、最後の引揚船に乗りたいという気持ちを打ち明けたのだ。

数日後、主人から思いも拠らない知らせを受けることになる。それは、興南に進出していた日本の化学工場で働いていた二十名ほどの技術者が、製造技術の引継ぎのために終戦後も残留させられていたが、その任務が終わり、今回の引揚船で帰国することになった。

主人はそれを知って、市の有力者、そしてその会社の幹部にも接触し、荻原をその技術者の一員に加えるよう尽力してくれたのだ。おそらく、この政治工作のために、相当なお金を使ったのであろう。このまま自分を留めて置けば、もっと金儲けができるはずなのに、主人はそうはしなかった。それどころか、信義と友情を重んじ、願いを叶えてくれた。荻原は、ただ嬉しさと感謝の気持で胸がいっぱいになり、涙が出るばかりであった。

帰国の日が近づいて来た。陸軍の輸送船に揺られて九州の門司港を出たのが、昭和十九年三月。あれから四年が経った。毎日夢に見た故郷の土に生きて再び立てるのだ。冬の白頭山から吹き下ろす木枯らしが肌を刺す。日本海から押し寄せる波が激しくなっていた元山港に、最後の引揚船が入ってきた。

「そうや……」

小さく書かれた船名は、長い航海で薄れているようではあったが、はっきり読み取れた。

「宗谷」が、元山港で待ち焦がれる人々を日本から迎えに来たのだ。

港で待っていた残留日本人は百名ほどいた。一人一人、本人確認が行われた。許可された者から「宗谷」のタラップを上がる。ここで乗船を許されなかったら元も子もない。緊張が走った。しかし、荻原が潜り込んでいた残留技術者の一団は特別扱いで、検査もなく乗船を許されたのだ。タラップを上がると嬉しさが込み上げてきた。

「日本へ帰るんだ！」

感無量であった。桟橋の艫綱《ともづな》が解かれ、「宗谷」は元山港をゆっくり出港した。荻原はいつまでも甲板に佇んでいた。見ると、引揚者の多くも船室に戻る気配がない。手摺にもたれ、だんだんと小さくなる朝鮮の山々、元山港の微かな灯を静かに見つめている。万感の想いを乗せて、最後の〝かえり船「宗谷」〟は舞鶴港へ向かった。

無事に帰国を果たした荻原は、翌昭和二十四年四月から新制中学校の教師として、再出発していた。

そして昭和二十五年六月、朝鮮戦争が勃発する。元山、興南、清津の港は爆撃と艦砲射撃で壊滅的被害を受けたという。そこで出会った人々、あのラジオ店の主人はどうなったか、その安否を知る術《すべ》はない。しかし、あの時「宗谷」に乗れなかったら、自分は朝鮮で生き延びていても、この戦火に巻き込まれていただろう、そう思うと、感謝の念に絶えなかった。

終戦から二十年が過ぎ、予備士官学校の同期生の会合が開かれた。名簿の中に、中共軍に入り、龍井炭鉱に送られた十名の名があったが、荻原を除いては全員が「生死不明」と記されていた。

荻原にとって「宗谷」は、命がけで探し続けた〝かえり船〟であった。やっとのことで出会った「宗谷」は、荻原の命に再び灯をともす船となった。荻原は、この時見た「宗谷」の姿を今でも心に留めている。助けられた感謝の想いを忘れないためだ。

帰国から何十年も経って、奇遇にも荻原は中澤松太郎と出会う。教員を退職し、その後、入った会社が、中澤の勤務先と系列会社だったのだ。酒席で二人が同席し、どちらが先だったのか「思い出深い船」の話をしたら、なんと、二人が口をそろえて「宗谷」だと言う。驚くような偶然。しかしこれも「宗谷」が運んだ縁に違いないと、それ以後、二人の親交はずっと続いている。

第6章　海のサンタクロース

喜びも悲しみも幾年月

昭和二十三年十一月、元山からの引揚輸送を終え、「宗谷」は小樽に回航された。そこでグレーの軍艦色の船体を白帯の入った黒い商船風の塗装に改め、しばらくはそのまま小樽に係船されることになった。

十カ月が経った昭和二十四年八月、その前の年に、創設された海上保安庁の係官たちが小樽にやって来た。この年、新しくしなければならなかった灯台補給船を探すためだった。その頃、ＧＨＱの指令を受けて、民間からチャーターされた「第十八日正丸」を使用していたが、この船を所有者に返還することになり、代わりになる船を決めなければならなかったのだ。

当時、全国各地の岬などに、有人の灯台が設置されていた。その僻地にある灯台に、燃料や機材などを運ぶのが灯台補給船の役割であった。

「かなりくたびれているな……」

「宗谷」をひと目見て、海保係官は思った。戦争を乗り越え、終戦後も休む間もなく引揚業務で、南方へ北方へと赴き、定員をはるかに超えた人々を輸送するなど、無茶をしてきたのだ。その時の「宗谷」はすっかり疲弊しきっているようだった。

しかし、調査の結果は、

「使用可能」

この結果、「宗谷」は昭和二十四年十二月、これまで所属していた船舶運営会から海上保安庁灯台部へと移籍し、灯台補給船に生まれ変わることになった。船には、すでにオーナーに返還された「第十八日正丸」の船長と乗組員がそのまま乗ることとなる。

石川島重工業（のちの石川島播磨重工業）にて改装が施され、昭和二十五年四月一日、真っ白な船体の灯台補給船「ＬＬ‐01宗谷」が誕生したのだ。

ちなみに昭和二十四年一月より、外国の海を航行する国際船舶以外は、敗戦後禁止されていた国旗掲揚を許されるようになったため、「宗谷」にも再び「日章旗」が掲げられている。

灯台守りの暮らしは容易なものではない。昭和三十二年に公開された映画「喜びも悲しみも幾年月」に詳しく描かれているが、灯台守りの勤務先は、電気、ガス、水道もない、ここで毎晩欠かさずに灯火を守り続けるということは、並大抵の苦労ではなかった。

また、終戦間際には、本土空襲が激化し、灯台はその標的にされた。一日数度に及ぶ敵機の執拗な攻撃を受けながら、灯台守りたちは灯台を死守し、多くの犠牲者が出ている。前線の軍人と違い、灯台職員は家族と同居している。連日連夜に及ぶ敵の熾烈な攻撃に、非武装の灯台守りたちは家族を抱え闘ったのだった。またその妻や子供は、自分たちの住まいが機銃掃射を浴びる恐怖の中、父の姿に倣《なら》い、耐え続けたのである。

戦後ＧＨＱは、ミズーリ号で降伏文書を調印した同じ日に一般命令第一号を発し、その中で、これら灯台の復旧の指令を下したものの、各府県が運営していたものなどは財政難から、はかばかしく進まず、昭和二十三年には、海上保安庁で全国の灯台を一元管理して、その復旧の促進を図るよう指令が下されたのであった。

宗谷はこれら全国各地の灯台に、火を灯す燃料の重油や軽油、暖房用の石炭、機材の部品

灯台補給船時代の「宗谷」。灯台で暮らす職員とその家族に、燃料や補給品と共に希望を運び、「海のサンタクロース」と呼ばれた。

や日用雑貨品などを運ぶことになったのである。

かつて、こうして灯台に勤務していた元海上保安庁の新井章義によると、年に一度、灯台補給船がやって来る時は、本庁の職員によるさまざまな検査・査察が行われることから、灯台守りにとっては、気が重い時であり、家族にとっては最大の楽しみであったという。

実は、船が運んでくる補給物資に混じって、ささやかながら、子供たちへの絵本やおもちゃなども含まれていたからだ。普段、厳しい生活を強いられ、遊ぶ友だちすらいなかった子供たちにとっては、一年に一度姿を現す灯台補給船は、「海のサンタクロース」だったのだ。そしてこの日の夕食は、灯台守りの家族が船に招待され、御馳走になるのが常であった。迎えのボートに乗って、船を訪問する。

「海が荒れるとがっかりするんですよ」

新井は言う。この日に海が荒れてしまうと、船を着けることができない。そうなると、灯台補給船の訪れは、流れてしまうのである。そんな時、家族はどんなに落胆したことか。

しかしそれも今は昔の話である。今やほとんどの灯台が無人化され、平成十八年、長崎県五島列島は女島の灯台が無人化されるのを最後に、全国から灯台守りは姿を消すことになった。

当時の苦労も今となっては懐かしい思い出であるが、宗谷記念会刊行の『わが海の故里』に、ちょうど「宗谷」が各灯台を回っていた頃の元灯台守り、佐藤吉栄へのインタビューが載っている。佐藤は、昭和二十五年から三十年までの間、北海道の稚内、葛登支岬《かっとしみさき》（北斗）、チキウ岬（室蘭）の灯台をと転々としている。その問答をいくつか紹介する。

――灯台周辺の様子は?

「普段は人が近寄らない崖っぷちか山の上。集落といえば、崖下の浜辺に漁村がある程度のものでした」

――電気や水道はありましたか?

「ありません。油を電気代わりに使い、飲料水は井戸水か雨水です。高いところにある灯台の水不足は宿命で、坂道を上り下りして水を運びました」

――生鮮食品は手に入りましたか？

「海がそばにあったから、魚は釣ればいいですし、野菜を作るだけの広い敷地はあります。結局、自分で働きさえすれば手に入るわけです。それに、食べ物はあるもので間に合うように体を順応させていましたから」

――娯楽はどんなものがありましたか？

「囲碁や将棋のような二人いればできるものはやっていました。カメラや絵に凝る人もいて、一芸に秀でた人も多かったです」

余計なことを考える暇があると、やはり寂しくなるということで、灯台によっては、職員が構内に青芝を張ったり、建物の裏を畑にして耕し、四季の野菜を育てたり、鶏や兎《うさぎ》を飼育したりして、在島勤務職員の栄養補給と災害時の備えとし、それらの作業に忙しく取り組んだ。そして、花畑を作り一年中花を絶やさないなど、精神衛生を保つ工夫がされていたという。

花一輪咲いていない、荒涼とした灯台からは、病人が出ることが多かったという話もある。

「小人閑居して不善を為す」とはよく言ったもので、「働き続けること」が寂しさを癒し、悪い考えや不平不満などを追い払ってくれたのかもしれない。

「働き続ける」ことに関しては、「宗谷」もひけをとらない。辛く苦しい引揚輸送を終えたと思ったら、まもなく灯台補給船として全国を回ったのだ。

四面海に囲まれた我が国には、灯台が欠かせない。海岸線は国の生命線であり、灯台を守ることは、国を守ることにもつながるのだ。

その各地の灯台には、「私」を投げ打って人生の貴重な時間を捧げ、一時も休まずに暗闇を照らし続けた人たちがいた。毎日よく拭きこまれたレンズで「ピカリ」また十何秒か後に「ピカリ」、灯台守りは、ストップウォッチがなくても正確に秒数を計れたという。

「美しく正しく正確に」

その言葉の下で放たれた光に、勇気づけられた海の男がどれほど多かったか計り知れない。そして彼らを勇気づけた灯台守りを、さらに元気づけたのは、灯台補給船「宗谷」だった。

「汽笛吹けば　霧笛答ふる　別れかな」

「宗谷が着いたぞ！」

「宗谷」はいつも歓喜の声で迎えられる。

宗谷の来航は一カ月前くらいに知らされる。それからは、灯台守りにとっては、落ちつかない日々だ。「宗谷」に乗って来る上司の視察があるからだ。少人数での補給品の運び入れも忙しく、日頃、日中は農作業や整備作業、夜間は何秒か刻みの灯火作業と黙々と毎日を過ごす灯台守りにとって、この日は最大の行事となる。

灯台守りの家族にとっても、やはり最大の行事となった。この日を心待ちにして、全員が正装して迎える所もあったという。「宗谷」が滞在するのはほんの一両日だが、家族にとって、年に一度だけの賑やかな食卓となる日だ。

そして子供たちにとっては「海のサンタクロース」の訪れが、どんなに待ち遠しかったことであろう。

一夜明ければ、また昨日までの厳しく寂しい灯台の生活が始まり、「宗谷」にも厳しい航海が待っている。それゆえにこの数時間の触れ合いの時を大切に、楽しく明るく過ごした。まさに一期一会《いちごいちえ》の交流であった。

「汽笛吹けば　霧笛答ふる　別れかな」

これは、高浜虚子《たかはまきょし》門下の俳人であった大久保武雄・海上保安庁初代長官が作った句である。彼が北海道の灯台を視察で訪れた際、船の汽笛と灯台の霧笛を鳴らしあって別れを惜しんだ、その時の様子を詠んだものである。

「孤島」と「船」という、いずれも人が愛しく恋しい環境にいる人たちにとっては、汽笛と霧笛の音だけで寂しさを伝えることができるのだ。携帯電話もメールもない時代の、海に生きる者たちの偉大な知恵と感性である。

昭和二十九年十二月中旬、「宗谷」に思いもよらぬ仕事が舞い込んできた。それは、それまで実にさまざまな任務をこなしてきた「宗谷」にとっても初めての経験であった。「現金の輸送」である。しかもその額は九億円という大金。当時としては、想像にあまる金額であった。

これは、長く米軍に占領統治されていた奄美大島の日本への返還がようやく決まり、全面復帰も急遽実現する運びとなったため、日本の紙幣や貨幣を同島に運ぶことになり、その船に「宗谷」が選ばれたのである。

「宗谷」での輸送は、鹿児島港から奄美諸島の名瀬港までであった。船内はどよめいた。乗組員にとっては名誉である半面、「ありがた迷惑」なご指名でもあった。なにしろ、九億円という大金である。

「一体、ダンボール箱にしたら何箱なのだ」

などと、あれこれと言い合ううちに、出港の日になってしまった。

鹿児島港での現金積込み作業は夜半に行われた。十人ばかりの警備委員も乗り込んで、張りつめた空気も一緒に、真夜中の出港であった。

漆黒の海をゆっくりゆっくり進む「宗谷」。長い夜が明けた早朝、無事に名瀬港《なぜこう》に到着した。その甲斐あって、日本復帰祝賀式典は市内で大々的にとり行うことができたのである。

この歴史的一幕に、極秘ながら「宗谷」が深く関わっていたという、「宗谷」の歴史の中でも知られざるひとコマであった。

そして終戦から十年が経った。日本中が立ち直ることに必死だった二十年代は、占領という憂き目も味わったが、昭和三十年、神武景気の波に乗り、日本は活気づいていた。「もはや戦後ではない」と言われ始めたのは、翌年の『経済白書』からであった。

第7章　「宗谷」南極へ

運命の南極会議

そんな国内の熟成とは裏腹に、海外から見た日本はいつまでも「情けない国」「負けた国」の印象を拭えなかった。経済成長が突出したとはいえ、国際社会の仲間入りを実現させるには、まだ遠い道のりを感じさせていた。

また、たった十年前まで、「御国のために」汗を流していた人々が、街中で思い思いのファッションに身を包み、テレビ・洗濯機・冷蔵庫の「三種の神器」を手に入れるという「個人の夢」実現のために働くことに、もはや何の違和感もなくなっていた。そんな時代であった。

その頃、世界各国では「地球観測」の動きが活発になってきていた。とくに各国は競って南極観測の計画を進めていた。これは「地球観測年」として、地球上で起こるさまざまな現象を検証するため、世界の国々が協力して、同時期に地球を調べようという試みのひとつであった。

昭和三十年六月に「国際地球観測年（ＩＧＹ）特別委員会」が設けられ、各国の南極計画はこの委員会の「南極会議」で検討されることとなり、第一回目の会議が七月にパリで開催されることになっていた。我が国はこの第一回「南極会議」に文書で南極観測参加の意志を伝えると共に、九月にブリュッセルで開催される第二回「南極会議」で決定される南極観測計画に具体的なプランを提示して、是非とも南極観測計画に加わりたいという意思表示を考えていた。

しかし、これに正式に参加するには巨額な国家予算の捻出、南極観測に欠かせない砕氷船の調達などをクリアせねばならず、この時点ではあまり現実的なものではなかった。

そんな中、いち早くこの話に賛同したのが、日本学術会議の茅誠司《かやせいじ》会長であった。茅会長は直ちに運輸省の海上保安庁を訪れ、島居辰次郎《しますえたつじろう》長官に、

「九月に開催される国際会議で、我が国も南極観測参加を表明したい。協力をお願いできな

いか」と、直接働きかけた。島居長官は、

「海上保安庁が南極へ?」

その規模、危険を考えると、そんな無謀な計画に乗れるわけがない、まして海保がそんなことを……との思いがよぎるが、これを承諾する決心をするのである。

実は、我が国はかつて白瀬探検隊という南極探検の実績を持っていた。しかし、敗戦でその全てを失ってしまったのである。日本が再び南極探検に躍り出る、その千載一遇のチャンスをみすみす見逃せば、過去の功績も再び闇に葬られてしまうのだ。怖気づいて先人たちの苦労に水をさすことになるなら、思い切って手を挙げて、立派に南極探検を果たした国としての主張をしよう、そんな思いが頭をよぎったのだ。

この時の様子について、当時、この計画に関わった元海上保安庁職員の太巻光吉の手記には、こう綴られている。

「長官としては本観測は国家的行事であり、実施に際しては危険を伴うにしても、創造性豊かな大事業であり、国民の関心を高めると共に、ひいては創立後、日の浅い海上保安庁への国民の認識を高め、貢献することの大きいことが考えられるので、参加を強く望んでいる旨を話され、今井政務課長及び坂本経理課長も各々の立場で意見を述べられた。

私は長官の南極観測参加についての考え方に共感を覚えると共に、職員一同も海上保安庁発足以来厳しい大自然のもとで、幾多の困難な業務を遂行する経験を積んでいたので、南極観測に参加することを望むであろうことを確信した」

とある。こうして、海上保安庁は賛同することになったのである。

次は、どの船を使用するかという問題である。もちろん、船を新しく造るなどという資金も時間もない。そこで白羽の矢が立ったのが、「宗谷」だったのだ。「宗谷」は耐氷構造で造られている。これを改造すれば、南極に行っても耐え得る船になるのではないかという考えであった。

しかし、「宗谷」の改造には、予想をはるかに上回る予算を必要とすることも分かった。その資金を捻出しなければならない。難問が山積する中、茅会長は文部省の松村謙三大臣を訪ねた。その際、松村大臣は、

「戦争に敗れ、意気消沈している時、こうしたことをやらねばだめだ！」

と協力を約束したのである。

これらの素早い反応により、資金の目途はなかったものの、日本はブリュッセルでの第二回「南極会議」に参加することになったのだ。

九月八日、会議当日、日本代表の永田武・東京大学教授が白熱のスピーチを行う。のちに南極観測隊（一次～三次）隊長を務める人物である。我が国がかつて白瀬南極探検隊などを生み、実績があるという主張をし、南極観測への参加の意思を打ち出したのだ。しかし、各国の反応はあまりにも冷淡なものであった。第二次世界大戦の遺恨を持つ、オーストラリア、ニュージーランド、イギリスなどの代表が、次々と反対意見を述べた。

「日本には、まだ国際社会に復帰する資格などない」

手厳しい発言が相次ぎ、ふと会場を見渡すと、そこにいるのは皆、全て白人。それも先の大戦の戦勝国ばかりであった。永田教授はぐっと唇をかんだ。

「こんな時こそ、日本人の底力を見せるのだ」

こうなったら、なんとしても南極観測の権利を手にして帰らなければ、日本はここでもまた負けることになる。一国の代表として、責任は重くのしかかった。

会議最終日、再び日本の参加について討議された。相変わらずの強い反対意見の中、最後は、アメリカとソ連の賛同を取りつけることができ、なんとか辛うじて我が国の参加が承認されることになったのである。

十一月四日、南極観測への参加は正式に閣議決定された。文部省内には「南極地域観測統

敗戦国・日本にとって、南極観測参加は、国際社会復帰の大事業だった。
南極行きが決まり、改造される「宗谷」。

合推進本部」が設置されることになり、「宗谷」は一歩一歩、はるか遠い南極に踏み出して行ったのだ。

国民の関心も高まっていた。かねてからこの事業を推進してきた朝日新聞社が一億円を提供すると共に、広く国民への募金を呼びかけ、それに小中学生を含む多くの人が応えたのだ。企業からの拠出金なども含めて、「宗谷」が出港するまでに集まった寄付金総額は、一億四千五百万円に達していた。

こうして「宗谷」を南極観測船に大改造する一大プロジェクトはスタートしたのである。

永田教授のその時の心境は、その著

『南極観測事始め』に窺い知ることができる。

「最近は毎朝新聞を読むのに、まず真先に眼を通すのは『南極探検寄金』芳名録であります。身体がいくつあっても足りない、という近ごろの多忙さのゆえに、直接間接によせられる南極観測のための尊い寄金や、心のこもった激励のお手紙に、一々お礼を書くことができない私としては、毎朝この欄のすみからすみまで眼を通して、この温かい贈物に感謝の念を新たにするのが、せめてものなぐさめなのであります。

芳名と寄金額を逐一読みながら、職場や学校でカンパして下さるみなさまの姿や、貯金を引き出して為替に組んで下さる幼い年代の人たちの面影を想像して、眼がしらがあつくなることもしばしばあります。南極観測隊長としては、あまりに感傷的な、あまりに気弱な態度だ、とおっしゃるかも知れませんが、温かいみなさまの心に対して、私は無条件に感動してしまうのです」

この一大プロジェクトをさまざまな思いで見つめる人があった。一年間「宗谷」を待ち焦がれる、あの灯台守りの人たちである。五年半の間、「宗谷」は灯台で働く職員にとって「心の友」であった。それゆえ「宗谷」が南極観測に行くことには抵抗を感じる人が多くいたのである。

当時の海上保安庁灯台部長・土井智喜も、これを最も偲びがたく感じていたひとりであった。しかし、断腸の思いでこの要請に応じたのだ。それは何より「宗谷」を愛していたからにほかならなかった。灯台守りにとって「宗谷」は親友である。その親友が、国民の夢を叶える挑戦のために、大海に赴くこと、日本国民の人気者になることを止めることはできない。それが灯台守りたちの出した結論だった。

どこに出しても恥ずかしくない船

昭和三十年十一月、正式に「宗谷」が南極観測船となり、灯台部として解役式が行われた席上で、土井はこのように挨拶したという。

「灯台部として『宗谷』と別れるのは偲びがたいが、国民に少しでも明るい希望を与えることができるなら、誇りを持って『宗谷』を南極観測船にご用立てしようではありませんか」

見れば、目には涙が溢れている。ここにいた灯台関係者たちも感極まった。皆、長年親しんだ「宗谷」の南極行きを我が事のように捉え、心からエールを送ったのである。

海のサンタクロース「宗谷」が灯台補給船を退いたのは、昭和三十年十二月二十四日、奇しくもその年のクリスマスイブのことであった。

そして翌三十一年三月十二日から「宗谷」の改造作業は、日本鋼管浅野船渠で着工された。しかしこれは想像を絶するものであった。予算も少なく、時間もほとんどない、作業にあたった人たちは、それから七カ月間、昼夜問わず工事を行わなければならなかった。途中何度も、「このままでは不可能だ」という声が出るのだが、そのたびになんとか乗り切った。これには工事関係者の協力が不可欠であった。

「宗谷」と向かい合ったあらゆる立場の人が、「宗谷」に課せられた使命を理解し、心から「宗谷」に魂を吹き込んでいったのである。それはもはや「仕事」の領域ではなかった。日本の復興に賭ける一国民としての意地でもあった。

改造工事の監督官を務めた元海上保安庁船舶技術部職員の徳永陽一郎に当時の話を聞いた。徳永と会ったのは、暮れも押し迫った頃で、駅の改札口で待ち合わせをした。寒い中、待たせてはいけないと思い、約束の時間よりも二十分ほど早く現地に着くと、徳永はすでに改札口で待っており、驚いたことを覚えている。

しかも、私に見せてくれるための資料などを両手にたくさん持っていた。私にとっては祖父母と同じ年齢の大先輩に、大変申し訳ない気持ちだった。

「宗谷のためなら」

徳永にとって「我が子のために」という「親心」。その「宗谷」に関心を抱く私のような者に対しても細かい配慮をしてくれたのだ。

話を聞くと、「宗谷」の改造工事は本当に凄まじかったようで、監督官の徳永も、十月十七日に「宗谷」が竣工するまでは、不眠不休で「宗谷」に張り付いていたという。

「工事の最終段階になって、不具合箇所が書き出された要望書が出されたが、その数が百三十三カ所もあった」

今でこそ、懐かしいエピソードであるが、海上保安庁船舶技術部

改造の監督官を務めた徳永陽一郎氏。終戦前の一時期、川南工業に派遣されていた徳永氏。「宗谷」とは目に見えぬ糸で結ばれていた。

がまとめた『船舶技術部の航跡』に、その際の徳永監督官と造船部長との緊迫したやりとりが徳永の筆で記述されている。

「初めて南極に旅立つ本船乗組員のことを考えると、なんとか要望に応えたいとは思うものの、本船は翌日東京港の日の出桟橋へ移動することになっていた。意を決して浅野船渠の林造船部長室へ伺ってお願いしたところ、しばらく要望書を見ておられた同部長は、『やりましょう』と返事された。この時ほど監督官として有難かったことはない」

徳永は、情熱を打ち込み、心をひとつにして、毎日遅くまで取り組んでくれた造船所の人々にいたく心を打たれた。

実は、徳永と「宗谷」には不思議な因縁があった。徳永はかつて海軍の技術士官として青島で訓練を受け、舞鶴に着任した。そして終戦前の一時期、長崎におり、川南工業に派遣されていたことがあるというのだ。海上保安庁船舶技術部に所属したのは、昭和二十五年になってからであった。かつて自身が派遣されていた川南工業で造られた船を、誕生から三十年後に自ら改造に着手する。思いもよらぬことであった。

徳永にとって豊作とは、大会社の社長と社員の関係であり、直接言葉を交わすことはなかったのだが、長崎に原爆が落とされた時など、川南の造船所に被災民を避難させ、社員が救助活動を行ったことなどから、真似のできないスケールの大きさ、頼もしさを感じてはいた。

もちろん大胆で破天荒な一面も知っていた。ガラス工場から来た素人集団がソ連発注の船を建造してしまったという話は、なんとなく聞いてはいたのだ。そんな不慣れな人たちが突貫工事で造った船である「宗谷」は、かろうじて強運の下で戦争を生き抜き、今に姿を留めているが、船の造りに過分な期待はできないだろうと、自分に言い聞かせていた。

工事を見守る徳永監督官（右端）。予算もない、時間もないこの作業は、想像を絶するものだった、と語る。

ところが、

「『宗谷』を改造するために、ばらして中身が露わになった時、目を見張ることとなった。あまりにも立派に造られており、『宗谷』の強運は先人たちの苦労の結晶だったのだと、そのときはっきり分かった。どこに出しても恥ずかしくない船だと、私は敬意を表しました」

「宗谷」の魂を目の当たりにした徳永は、

このことで随分勇気づけられた。今、また生まれ変わろうとしている「宗谷」、先人たちに恥じぬような工事をしなければ、これまでを築いてくれた先人たちに申し訳がない。その想いで、それからは工事に打ち込んだのだ。そして、その想いが決して監督官一人のものではないと、期日が迫るにつれ強く感じてきた。

多くの企業や人々がその立場などにかかわらず、一国民として、利益などそっちのけで骨身を惜しまず、「宗谷」の再生に協力してくれた。昭和三十年というあの頃、必死に生まれ変わろうとしていた「日本の総意」が、まさに「宗谷」に投影されていたのである。

徳永は、新しくなる南極観測船「宗谷」は、川南工業の技術者から、今「宗谷」に取りかかっている人々まで、連綿と受け継がれた熱意に強固に守られている、だからきっと南極観測は成功し、「宗谷」はその名を後世に残すことになるだろうと、確信するのである。

人々の燃ゆる想いを身に受けた「宗谷」が、南極に向けて錨を揚げる日が近づいていた。

南極観測船「宗谷」

昭和三十一年十一月八日、不眠不休の作業、苦難の果てに、その日はやってきた。かくして「宗谷」は、松本満次船長以下七十七名の乗組員、永田武隊長以下五十三名の観測隊員、二十二頭のカラフト犬、一匹の猫、二羽のカナリヤを乗せ、南極へと旅立つに至ったのである。

霧雨が降る肌寒い朝の東京港晴海埠頭、南極観測船「宗谷」は汽笛を鳴らし、ゆっくりと港を離れた。

船体の色もオレンジ色に塗り替え、すっかり生まれ変わった「宗谷」は、意気揚々と旅立って行った。直前までの慌ただしさを忘れさせる、順調な船出だった。

しかし、間もなく隊員たちは青ざめることになる。「宗谷」伝説の「激しい揺れ」は改造後さらにひどくなっていたのだ。これは、氷海航行に対応するために、揺れを軽減させる「ビルジキール」という板を取り払ってしまったことが原因で、この航海では最大で六十二度という揺れを記録したという。まさに転覆寸前と言っていい。

南極航路では大きな壁が数々立ちはだかった。六十二度の揺れはその序曲に過ぎなかったのだ。その南極観測船「宗谷」の最も大変な時を知っているのが、一次隊から五次隊まで南極観測に参加し、操舵長を務めていた三田安則である。

「今だから言えますが、遺書を書いて残した者もいましたし、生きて帰れないかもしれないという思いはありました」

しかし、当時の隊員たちに悲壮感はなかった。「南極」という未知の世界に行く。食うや食わずで、戦後這い上がってきた昭和三十年代の日本にしてみれば、この事業の成功は本当に日本が再生したことを意味する。だから、絶対に成功させるのだ。そしてそれに我々は参加できるのだという喜びの方が大きかったのだ。

三田は、その手記『宗谷の思い出―栄光と挫折、そして再起』の中で「宗谷」の乗り心地について書いている。

「よく揺れる。波もないのにユラリユラリ。乗組員でも『よく揺れるな』。まして外洋航海は、初めての山男集団（観測隊員に日本山岳会員が多かった）。部屋の整理も物の置き方も陸式。たちまち落花狼藉、足の踏み場もない状態となって船は揺れるものと認識。

食事に顔を出さない隊員が一人～二人と増えてくる。そして南支那海への入口、バシー、バリンタン両海峡通過に際し、麗しきルシー、キャレンの両台風嬢の歓迎ストームに迎えられ、息の根を止められ、シンガポールから日本へ帰るとのたまう御仁も出る始末。『揺れる宗谷』の本領発揮の第一幕であった」

どうも、戦前・戦後を通して、「宗谷」に乗るために必要な条件は、なにより「我慢強さ」であったように思われる。激しい「揺れ」もさることながら、「暑さ」も容赦なく乗組員を襲った。無理に無理を重ねての工事を続け、やっと出港に漕ぎ着けた「宗谷」にクーラーはなかった。忘れていたわけではないだろうが、当たり前のようになかった。そんな余裕もなかったのであろう。空調がない「宗谷」が赤道を通過する。その熱風地獄を三田はこのように記している。

「次に『暑い宗谷』本領発揮の第二幕。今は常識のクーラ

日本で初めて南極で越冬した猫の「たけし」。南極観測隊（１次～５次）長・永田武氏の名を貰った。

ー（空調）なんて夢のまた夢。防暑対策は強制通風の生暖かい風と、それをひっかきまわす扇風機、そしてベッドに敷く汗取り用ゴザ一枚。寒い南極に行くのにクーラーなんて贅沢と、予算を削られた……か、どうか知らないが、可愛いカラフト犬の犬小舎だけにはクーラーが設置されていた。犬小舎で昼寝を楽しんだ猛者もいたと耳にしたが真偽のほどは判らない」

南極航路の苦しみは、揺れる「宗谷」、暑い「宗谷」だけではない。揺れからやっと解放されたと思うと、今度は分厚い氷の上であった。

氷にも散々悩まされた。氷の中で身動きできなくなることがたび重なり、最初の時は、ソ連のオビ号に、次には米海軍のバートン・アイランド号に助けてもらっている。

また、第二次南極観測ではとうとう越冬計画を断念し、カラフト犬十五頭を残して帰国し、批判の声を浴びることになってしまった。

しかし、一年後、再び昭和基地を訪れると、このうちのタロとジロが元気に生きて待っていたのだ。これには日本国中が驚き、感動した。こうして、あまりにも大きかった南極の氷壁に立ち向かった南極観測は、挫折も味わったが、確実に一歩一歩進んでいったのだった。

昭和三十六年、「宗谷」は第六次南極観測に出発し、翌年三十七年の四月に帰国して南極観測船としての仕事を終えた。

子犬たちと戯れる三田安則氏。過酷な航海で、乗組員の心を慰めたのは、子犬たちだった。

「宗谷」を見に、隊列を組んで集まってきたペンギン。

「宗谷」を生きて待っていたタロとジロ。この出来事には多くの国民が驚き、感動した。

三田は「宗谷」を「けなげな娘」のようだと言う。こんなに小さな体でよく頑張ってくれたと、恋人を見る眼差しで、「宗谷」を見つめている。それは南極観測船「宗谷」に乗った全ての者にとっても同じであった。

当時、「宗谷」の船出を感無量の思いで見送った島居辰次郎・元海上保安庁長官は、『宗谷の思い出』でこう述べている。

「昭和三十年当時、我が国の予算は、総額でも一兆円にはならなかった。終戦後未だ日も浅く、ひ弱い日本の経済力の中で、当時の金で約五億円の予算で改装したこの『宗谷』は、それでも時代の優秀船であり、他に比べてその設備も立派であったように思う。その当時敗戦に打ちひしがれた無残な日本を甦らせ、一般国民、殊に青少年を鼓舞し、新生日本に立ち上がらせた精神昂揚に、どれだけ貢献したことか」

昭和三十七年四月十七日、「宗谷」は第六次南極観測から東京・日の出桟橋に帰港。

「宗谷」の仕事は、海上自衛隊の「ふじ」に受け継がれることになった。

「宗谷」は新しい時代の第一走者であった。あの時、一歩を踏み出したからこそ、世界規模で行われた、地球のさまざまな自然現象の分析・研究に、日本は乗り遅れずにすんだ。

「バスに乗り遅れるな」の気運で、曲がりなりにも、あの最初のバスに乗ったことは、慎重になってチャンスを見送った場合よりも、はるかに大きな財産を残したのだ。

それは、学術分野だけではない、国民の「自信」という、失われた財宝を取り戻す旅でもあった。

「宗谷」はその役割を確実に果たしたのだ。

老兵「宗谷」、最後のご奉公

最初の南極観測船であり、あのカラフト犬タロとジロが乗った船ということで、「宗谷」はもはや国民的存在になっていた。南極観測という大きな任務を終え、この時すでに船齢二十六年もたっていた老船「宗谷」は、ゆったりと余生を送りたいところであったが、その後二カ月のドック暮らしの後、早くも新しい任務が与えられることになったのだ。

「宗谷」の次の任務は北海道配備の巡視船であった。

当時、北洋の海では海難事故が相次いでいた。とくに冬場は、着氷による漁船転覆、氷海での航行不能などが多発した。しかし、漁業水域が巡視船の基地から遠く離れているため、救助の手も思うように届かず、毎年多くの犠牲者を出していたのだった。このため、海上保安庁では、釧路を基地とする巡視船を常時、千島列島・南カムチャッカ東岸沿いに行動させ、海難に即応する「ステーション・パトロール」を昭和三十七年から実施していた。

すでに「つがる」「だいおう」「だいとう」といった船が、これにあたっていたが、「宗谷」が参加できれば、何と言っても南極に行ったほどの寒さに強い船である、ステーション・パトロールの強力な戦力になることは間違いない。海上保安庁は、またもやこの二十六才にもなった老船「宗谷」に望みを託したのである。

いや、あるいは、「海が『宗谷』を待っていた」と言った方が良いのかもしれない。おそらくこれは「宗谷」の宿命なのだ。

「宗谷」の投入により、海難救助の体制はかなり向上していった。砕氷能力を活かして、氷に閉じ込められた漁船の救出が可能になり、また流氷観測の成果も出始めた。また、この年は伊豆諸島三宅島噴火に伴う疎開学童の輸送にも助っ人で赴いたりと、まさに東奔西走であった。

そしてこの頃から「宗谷」は年に二回は海上保安学校の練習航海で、若い海上保安官を乗せて航海の実際を教える「教育船」としての顔も持つようになっている。

北方の巡視船という「最後のご奉公」は結局、十六年間にも及んだ。救助した船は百二十五隻、その人数は約一千名に及んでいる。

この数字から、それだけ北洋漁場の厳しかったことも見えてくる。荒れる海で働く漁師からは、病人も出れば怪我人も出るのだ。「宗谷」の船内で瀕死の患者が治療を受け、一命を取りとめたことなどは数多くあった。「宗谷」がいなければ助からなかった命は数多かった。

こうしていつの間にか「宗谷」は〝海の守り神・宗谷〟と呼ばれるようになっていった。巡視船「宗谷」の最後の船長を務めた有安欽一の手記『宗谷《そうこく》の虚船』を引用してみたい。それは真冬の千島列島を北上している時であった。

「何か外で呼んでいるようである。耳を澄ましてみると、どうも、『海の守り神』『宗谷』と叫んでいるようだ。不思議に思ってウイング（船橋両側の張出し）に出てみると、確かにそう口々に叫んでいた。漁船が明々と灯をつけて近寄っていた。魚をあげるからロープを投げてくれという。サンドレッド（先端に重りのついた細索）を投げてロープを渡すと、その先に魚が一杯入った袋を結びつけ、ほっとしたような表情をして『頼むぞ宗谷』『海の守り神』と口々に叫びながら闇の中へ去って行った」

また、昭和四十五年三月十六日には、択捉島南方の単冠湾で操業していた沖合い底曳き漁船十九隻が、流氷群に閉じ込められるという事故が起きた。十一隻は損傷を受けながらもなんとか脱出したが、七隻は巨大な流氷に前進を阻まれ、航行不能になっていた。やがて風速三十メートルの猛吹雪となる。これにより船内に流氷が打ち込み、二隻が転覆、乗組員行方不明。残り五隻の乗組員は船体を放棄し、流氷を渡って択捉島に脱出を図った。

「宗谷」は、生存者八十四名を釧路に輸送した後、現場に戻り、行方不明者の捜索を続行したが、甲斐なく、二十七日に捜索は打ち切られた。

この時の生存者が次のように、当時の模様を語っている。

「陸上に上がったときは、嬉しくて、嬉しくて、皆声を上げて泣いた。八十四人は近くの集会所に収容されていた。待遇は良かった。迎えの船がいつ来るのか不安だった。だから『宗谷』が来ることを知らされたときの喜びは大変なものだった。厚い氷をばりばり割って進んでくる大きな姿を見たとき、思わずジーンとなった。

釧路に入港するまでわずか一日の乗船だったが、すぐに入れてもらった熱い風呂と炊きたての御飯のうまさ。なによりも乗組員の心のこもったねぎらいを今日も忘れない。流氷の恐ろしさは身をもって知った。事故が起きたとき『宗谷』が来てくれると思うと本当に心強かった」

巡視船「宗谷」。救助した船125隻、約１千人の命を救い、海の守り神と呼ばれた。

北方の漁師たちが、誰言うともなく〝守り神〟と呼んだ「宗谷」。日本人にとっても「宗谷」は神様と呼ばれるにふさわしい存在になっていた。

十六年に渡る海の守り神「宗谷」もいよいよ昭和五十三年、解役が決まった。竣工から実に四十年が経っていた。

「宗谷」に与えられた最後の任務は、全国十四の港を巡る「サヨナラ航海」であった。「宗谷」は港々で少ない日でも五千人、多いときは一万五千人、総計十一万人の見学者を迎えた。「宗谷」はすっかり国民の人気者になっていたのだ。また、その際、「宗谷」に思い出を持つさまざまな人の訪れもあった。

八月の舞鶴港では、海上自衛隊舞鶴音楽隊が賑やかなファンファーレを奏で、「宗谷」を迎えた。「宗谷」も汽笛を鳴らし入港。

これを感慨深く見つめる老夫婦がいる。この夫婦は戦後、北朝鮮の元山から「宗谷」で引き揚げて来たのだという。三十年ぶりに「宗谷」を見たいと、台風の余波が残る悪天候の中、来ていた。

「『宗谷』は命の恩人です。ありがとう」

その一言を言うためだった。

また小樽港に寄港した際には、海軍時代に「宗谷」の僚艦に乗っていた人物が訪れた。三十三年前の仲間である「宗谷」を懐かしく眺めた。

「『宗谷』はいつも、ワガ艦足遅シ先ニ洋上ニ出ヅ、という信号を送っていましたよ」

と、すっかり国民的英雄となった「宗谷」の姿に驚くばかりであったようだ。

青森港には、最高の一万七千人が押し寄せた。やむなく二千人に見学を諦めてもらったほどのフィーバーぶりであった。歓迎飛行の海上自衛隊大湊地方隊のヘリコプター二機が飛来し、「宗谷」飛行甲板に、大湊地方総監・江上純一海将（海兵七十一期）の「同じ海上に勤務するものとして、輝かしい『宗谷』の栄光と歴代乗組員の努力に最大の敬意を表します」

というメッセージが投下された。

この江上海将が、「宗谷」初代艦長だった山田中佐が、かつて勤務していた巡洋艦「青葉」に、若き候補生として乗り組んでいたというのも、歴史の綾であろうか。

岸壁では、陸上自衛隊第九音楽隊が「太平洋行進曲」を演奏し、式典は大いに盛り上がった。音楽に乗り津軽海峡から時折風が吹いている。すでに秋を感じさせる風であった。この明るい曲調の中、「宗谷」乗組員はどこか物寂しい気持ちを抱いていた。「別れ」が近づいているのだ。

九月に入った函館では解役準備に取りかかった。ところがその時、稚内から声が上がった。

「最後にもう一度『宗谷』を見せて欲しい」

そこで、急遽、稚内に向かうことになったのだ。

九月二十三日、陸上自衛隊第二音楽隊の演奏の中で、大勢の人々が「宗谷」を待ち受けていた。強風の中にもかかわらず、旭川や天塩《てしお》から駆けつけた人もあり、見学に訪れた稚内の市民の数は、全市民の五分の一にあたる一万一千人であったという。

実は、「宗谷」は当初、スクラップ化が予定されていた。しかし、全国から「待った」の声がかかったのである。「宗谷」を永久保存しようという声が高まり、その陳情は十一の地方自

多くの国民の声に後押しされて「宗谷」の永久保存が決定し、昭和54年5月、「船の科学館」で一般公開が開始された。

治体からもあがった。

そこで、海上保安庁は、笹川良一・日本船舶振興会会長らの協力を得て、東京・お台場の「船の科学館」に「宗谷」を保存・展示することを決めたのである。

十月二日、「宗谷」は竹芝桟橋で解役式の日を迎える。式では高橋寿夫・海上保安庁長官が挨拶をした。長官出席の下で解役式を執り行った船は「宗谷」が初めてである。

「『宗谷』四十年の歴史は、戦前戦後を通じて、日本の歴史の変遷とその運命を共にしてきたもので、激しい移り変わりの一生でした。四十年の永きにわたる間の国民、数々の喜びと悲しみがこの船にこめられている。このたびの解役に際しても、国民の間から永久保存の声が沸きあがり、『宗谷』の果たしてきた役割を思うとまことに感無量のものがあり、職員を代表して国民の皆様の「宗谷」に寄せられたご好意とご支援に対して厚くお礼申し上げたい」

「宗谷」は敗戦国・日本の復興の象徴としての役割を終えた。

式辞が終わると、「宗谷」からゆっくりと国旗と海上保安庁旗が降ろされた。

第8章　「宗谷」外伝

豊作が重んじたこと

「軍艦宗谷会」の仲間に加えてもらって、元乗組員の方々の思い出を聞いていくにつれて、私はますます「宗谷」に惹かれるようになっていた。そして年に一度は、「軍艦宗谷会」出席のため、お台場に足を運ぶようになった。

小学校の社会科見学では、どうしたら当日学校を休めるか頭を悩ませ、結局行ったまでは良いが、海と船に近づくのが嫌で、バスに酔った子と一緒に見学をリタイア。そういえば、あの時以来、私は遠足などでは「車酔いする子」に分類されていたようだった。

あの時の社会科見学の船、正確に言えば、あの時「見学しなかった船」に、私は今、積極的にアプローチしているわけで、私は十何年ぶりに「宗谷」に足を踏み入れた時、まず「ごめんなさい」と「宗谷」に頭を下げた。

ここで出会った当時の乗組員や関係者の方々は皆、地味ながらも実直な人生を歩んで来られた方ばかりだ。「南極」以前の「宗谷」があまり知られていないと感じたのも、敢えて過去を語らない日本人の奥ゆかしさゆえであろうと、私は感じるようになったし、またそう信じたいと思った。

そんな時、誰かが、

「もう、宗谷会の軍艦という字ははずそうか、そんな時代じゃないよ」

と言った。しかし、「軍艦」も「南極観測船」も全て「宗谷」の歴史なのだから、ぜひそのまま付けていて下さいと、私はずうずうしくも訴えてしまった。

「宗谷」についていろいろと調べてみたが、どうしてもひとつ、引っかかっていることがある。それは「宗谷」の生みの親、川南豊作のことである。豊作は「宗谷」を建造した後、波瀾万丈の人生を歩んでいる。その極めつけが、昭和三十六年に起きたクーデター未遂事件「三無事件《さんゆうじけん》」で、日本で初めて破防法（破壊活動防止法）違反が適用され、豊作は逮捕されるのである。

しかし、豊作の一人娘である幸子とその夫の由井克己をはじめ、豊作と関係した多くの人が、この出来事を事件として「認めていない」というような印象なのだ。

そもそもこの事件は、豊作の編み出した「永久無税、永久無失業、永久無戦争」の三無主義という考えからその名をとったものだ。「三無」は老子の「無は有に転ず」から「さんゆう」と読む。読み方からしてややこしい事件で、その実態もかなり複雑なものとなっている。

豊作は、本来この三無主義を掲げ、それを政治に実行させようとした。それが、一転してクーデターの名称になってしまったのだ。なぜだろうか。

元来、豊作は日本を良くしたいという気持ちをずっと持ち続けていた。あの香焼島の松尾鉄工所跡で出会った、吉田老守衛のような日本人こそが敬われるような世の中、そして自分のように、必死に働けば一企業の社長にだってなれる、努力が報われる世の中にしなければならないと、常々考えていた。そして、そのためにできるあらゆることを実行し、またそのためのさまざまなアイディアに賛同し、応援をしていたのである。

毎日、何かと「人助け」をした。とにかく、困っている人を見ると放っておけなかったのだ。

一人娘の幸子がまだ小学生だった頃、担任の先生が病弱だった。豊作はその身体を心配して、生活の援助を申し出たこともあった。道端で物乞いをする者があれば、できる限りの施しをした。

家族でピクニックに出かけても、道すがら出会う貧しい人々の心配ばかりして、いつの間にか家族のお出かけは、その人たちに会うためのものになっていたのだという。

自身や家族のことよりも、豊作が重んじたのは、日本の社会への貢献であり、また川南工業の成果を、世の中にどういう形で還元するかを四六時中考えていたのである。

働きぶりは若い頃から少しも変わらなかった。朝は誰よりも早く出勤し、机に向かってノートをとる。その日の約束、雑事から、将来の夢やプランまで幅広く思うことを書き、また実行しようとした。

「世界一の船を造って、世界一周旅行をしよう」なんて、子供のような夢を大真面目に語るので、口の悪い人からは「川南ホラ作」などと揶揄されることもあったが、社員たちからは実に慕われていた

豊作の「社員思い」は人後に落ちないものであった。社員一人一人の家族構成、生活の状況、健康状態にまで気を配った。戦時中は多くの外国人の捕虜を使っており、これを批判的

に見る向きもあるようだが、豊作は彼らの労働状況はもちろん、食事の献立から、なんと便の硬さまで調査し、「客人」として丁重に扱った。その点において、会社側に不備がないよう厳しく社員に指導していたという。

こうした「厳しさ」と「優しさ」は類い稀な求心力となった。昭和二十年、長崎に原爆が投下された時には、豊作のひと声で、無事だった社員が皆集合し、急拵えの避難所とした自社の船で食糧を配給するなど、骨身を惜しまず活動したのであった。その時の「川工マンの心意気」を心に留めている被災者も多いという。

自らが現場に入り、社員と同じ空気を吸い、同じものを食べ、歩き、物に触れるということは、豊作にとって取り立てて特別なことではなく、ごく自然なことであったが、それが「川工マン」の優秀さの秘訣だったのだ。

そこに目を付けた意外な人物もいた。昭和十七年、東条内閣が造船計画を打ち出した際、香焼島の造船所に東条英機が視察に来た。東条はここに来る前にも何社か同じような造船所を回っていた。どこに行っても社長が正装して迎え、頭を深々と下げるという同じような対応であったが、ここは全く違った。まず、東条が来たというのに迎えにも出ない、一体、社長は何をしているのかと聞けば、工場にいるという。仕方がないので、行ってみると、作業服を着ている男がいる。

社員と同じ格好で見分けがつかないが、あれが川南社長だというわけだ。ところが、話してみると誰よりも礼儀正しく実直である。

東条と見れば、ただ媚びへつらう者の多い中で、なんとも珍しい男がいるものだと、東条はこの時、気分を害することもなく、むしろその仕事に対する気概、人柄に感心したようで、以来、東条と豊作の親交が始まったのだという。

そうした仕事への熱意、社員への想い、公への奉仕の精神が川南工業の屋台骨を支え、そして、あの「宗谷」の一件があってから、軍部とつながりができた川南工業は造船計画でさらに勢いをつけ、飛躍的に成長し、やがては三菱重工業を追い抜くまでになっていったのだ。

お国のために戦った人たちを……

そして昭和二十年八月十五日、戦争が終わった。終戦直後の日本は、空前の食糧難であった。

「国民が飢えていたら、国家の再建はままならん」

豊作は思案の末、自社で漁船を建造して魚を獲らせることを思い立ち、残っている資材で次々に漁船の建造を始めた。米の収穫が例年の三分の一という凶作に見舞われたこの年、魚による栄養補給は有用であると考えた。しかし、地元の漁師たちには、もはや新しい漁船を買う資金などなかった。

「それなら、うちの従業員に獲らせよう」

豊作らしいひと声である。社員も「待ってました」とばかりに立ち上がった……かどうかは定かではないが、戸惑いながらも、とにかく魚を獲ってみようということになる。

社内には、東洋製缶から連れてきた漁業の専門家が何人かいた。彼らが他の社員に漁の訓練をすることになり、早速、昭和二十一年二月に農林省から出漁許可を得ると、すぐに操業を始めた。

戦火を免れた漁場での漁は大成功し、それを缶詰にして販売すると、全国で飛ぶように売れた。そんな時でも家族の食事は質素だったと、娘の幸子は言う。

「会社の方たちが美味しそうに食べているお魚や缶詰、一度食べてみたいと思っていました」

豊作は、目の前にどんなに魚や缶詰があっても、それは世の中の人々へ、そして汗を流して働く社員へひとつ残らず行き渡らせたいと、自らは自重するので、妻と娘もそれに従っていたのだ。

また、昭和十年から豊作の側近であった福田幸太郎は、豊作ほど私欲のない社長はいないと断言する。自身の利益にならずとも、道路や橋を造り、長崎の発展のために尽くそうとした。そして、ふた言目には、

「会社の金も、自分の金も、国のものである」

と言っていて、あまりの厳しさ、頭の固さに、辞めていった人も少なからずいたという。

また、豊作は終戦と同時に働き口を失った軍人たちを手厚く招き入れた。

「お国のために戦った人を、敗戦で路頭に迷わせてはいけない」

と、本郷の屋敷に住まわせ、会社に呼び入れた。陸海軍の大物将校、特高警察や憲兵など、ＧＨＱに追われている者も含まれていたが、豊作はその人たちを庇護し、最後までその身を守り通している。

当時の川南工業には、海軍第三四三航空隊を率いた、「源田サーカス」の異名を持つ戦闘機パイロットの源田実（海兵五十二期）もいた。部下百名ほどを引き連れ、川南工業に来たのだ。

その頃、軍人たちの多くはまともな職に就くことができなかった。職を転々としたり、不遇のうちに亡くなる人も少なくなかった。豊作は彼らを自社の社員にして、社会的地位を与えていった。国に奉仕した者が、国の恩恵をただ受けるだけの者よりも冷遇されるなんて許しがたい、そんな戦後の世の中に対する豊作の抵抗の一つだった。こうして、終戦後、豊作の家と会社には、数多くの元軍人たちが身を寄せていたのだ。本郷の自宅には、東条英機の三男である敏夫（陸士五十九期、その後、空将補）の姿もあった。

ところが、豊作の身にも思いがけないことが起こった。GHQによる公職追放であった。これは、昭和二十一年一月にGHQが「好ましくない人物の公職よりの除去に関する覚書」を発表し、日本の国のために貢献した人々を次々に摘発していった、その一環である。

さらに相次ぐ労働争議の波に、川南工業も次々に巻き込まれていく。そして、戦前から何かと目立つことをして、成り上がっていった豊作に対し、嫉妬の念を抱く人も少なからずおり、この後、その怨念の残滓《ざんし》がじわじわと豊作に襲いかかって来るのである。

財閥系の「いじめ」は酷かった、と当時の関係者は言う、軍という後ろ盾がなくなった今、その息の根を止めんと、さまざまな妨害があった。金融界もマスコミもそれら大手の手中にある。豊作がそれらにそっぽを向かれることはもちろん、すこしでも豊作の側に立つ態度をとったり、庇うような言動をすれば、存続が危ぶまれたのだ。こうして、豊作の悪評は止むことなく喧伝されていった。

そして昭和三十年、川南工業は倒産する。折しも、日本が南極観測に乗り出そうとしていた年、「宗谷」が脚光を浴びる直前のことであった。しかし豊作は、公職追放されても、労働組合の熾烈な抵抗にあっても、事業が行き詰っても、決して悲観はしなかった。

幸子の夫の由井克己は、こう振り返っている。

「義父はどんな時でも大きな夢を持っていましたね。お金がなくても夢を抱けるんです。話していると、なんだかこちらも元気になってくるんですよ」

とはいえ、その由井は、実はこの義父の大きな夢に振り回されたひとりだ。由井は戦後、岸内閣の通産大臣・高碕達之介の秘書として仕えていたが、高碕はかつて東洋製缶の社長であった。豊作にとっては、親のような頼れる存在で、豊作は何か新しいプランを思い浮かべると、資金の調達に高碕を頼ることがしばしばあったという。金がなくても、思い立てばすぐに行動する。高碕の家族などは辟易《へきえき》ぎみで、由井は板ばさみになることが少なくなかったのである。

ふたりのパイロット

そして、源田実が豊作のもとに身を寄せた直後、川南工業にやって来て、豊作に面会を求めたのが田形竹尾であった。田形は陸軍の戦闘機パイロットで、終戦間近には、台湾で特攻要員の教官として、学徒兵と少年飛行兵の教育にあたった人物である。

戦後は福岡の実家に戻り、教え子たちを死なせてしまった喪失感と、自身が特攻命令を受けて飛び立つ直前に終戦になってしまった、その虚無感の中、呆然《ぼうぜん》と農業を手伝う毎日を送り始めていた田形であったが、ある時「社会勉強のため」と豊作を訪ねた。精神的にも拠り所をなくしていた彼のような元軍人の間に、豊作の噂は届いていたのだ。

「金は要りません、世間知らずな私に仕事を教えて下さいませんか」

突如現れた青年に、社長自らが直接対応した。「陸軍のパイロット」と言っただけで、社長が出てくれた、と田形は言う。豊作は飛行機乗りをとくに可愛がったらしい。

「よく来てくれた。源田君たちも皆いるので、海軍・陸軍一緒に仲良く、よろしく頼むよ」

豊作は、田形の目の輝きをひと目で気に入ったと見えて、すぐに川南ファミリーに受け入れた。要らないと拒んだ給料も、必ず支払われたという。

田形はかつて、源田を見かけたことはあったものの、陸と海の飛行機乗り同士が、まさか地べたで再会するとは思いもよらないことであった。

この後、田形は豊作の私設秘書として、農業をしながらも農閑期には、常に豊作の傍らで奔走。源田はやがて航空自衛隊に入り航空幕僚長にまでのぼりつめ、参議院議員を務めている。

飛行服に身を包んだ田形竹尾氏。特攻隊を軍国主義の犠牲と言う人たちがいる。愛する祖国、家族のために勇敢に死んでいった彼らへの感謝の気持ちを忘れてはならない、と語る。

両パイロットは、それぞれ違う場所に飛び立つことになるわけだが、手探りの「黎明飛行」であることは同じであった。そして、二人の目指したのは共に「世直し」という夜明けであることに違いはない。「日本を頼みます」と言って散っていった部下たちのために、彼らは戦後も日本の空を飛び回っていたのだ。

「政治刷新」が急務であると、豊作は考えていた。それはかねてから思い描いていた「世直し」のための手段であった。しかしそれがいつの間にかひとり歩きし、「政治刷新」そのものが目的になってしまう。そして、その具体的な計画が、周辺に沸々と湧き上がって来ていたのである。

それが、豊作の運命を大きく変えてしまうのだ。初の破防法適用、クーデター未遂事件「三無事件」が起きたのである。

昭和三十六年十二月十二日、運命の日は来た。豊作は、殺人予備、関税法違反、外為法違反、外国貿易管理法違反容疑で逮捕される。この時、豊作を含めて十三人が逮捕された。その顔ぶれは、陸軍士官学校五十九期や六十期出身の面々、五・一五事件の三上卓元海軍中尉(海兵五十四期)、桜井徳太郎元少将(陸士三十期)らの名も連なっていた。一部、自衛隊への働きかけもあったと言われている。

当日の夕刊には、

『陸士出身者ら十三人逮捕　首相ら暗殺を計画　三上卓、桜井元少将、川南ら』

など、とおどろおどろしく報じられた。

他にも、『元軍人らクーデター計画　三上卓以下十三人を逮捕　閣僚、社党幹部暗殺図る』『時代錯誤の「テロ」国民と離れた根無し草』などの見出しが紙面を踊った。

しかし、この世に言う「三無事件」がよく分からない事件だといわれる所以は、結局「何をして」「何が罪に問われたのか」という点だ。

豊作が「三無主義」を考案し、「世直し」するためのさまざまな方策を考えていたことは事実としても、この事件では「武器を密輸してクーデターの計画を立てているらしい」といった、不確実な事案を罪状にしてしまっているのだ。

陸士出身者ら13人逮捕
首相ら暗殺を計画
三上卓、桜井元少将、川南ら
九月から内偵
警視庁公安当局
粗雑なクーデター

「事件」を伝える朝日新聞（昭和36年12月13日朝刊）。「幻のクーデター」といわれる三無事件の真実は、未だに霧の中だ。

「現実化する直前に防いだ」というのが警察の理論であるが、発見された武器というのも、猟銃やボウガンなどであり、本当にこれで革命を起こそうとしたのであろうかと思わせるものであった。

結局、東京地検はこの疑問符ばかりの「事件」を破防法第三十九条で起訴する。これは、「政治目的のための騒乱の罪の予備等」で、政治上の主義もしくは実施を推進し、支持し、扇動をなした者は、五年以下の懲役または禁固に処するというものである。

三上卓や桜井徳太郎は、容疑が薄いということで、処分保留のまま釈放。豊作以下十一名が起訴されている。

三無事件と自衛隊

確かに、豊作のことだから、世の中を良くするためならば、大胆なプランを立てた疑いも拭えないかもしれない、しかし豊作は「担がれたのだ」と見る人が多いのもまた事実なのである。また、当時の世の中には、安保闘争や労働組合のデモが押し寄せ、政府は事実上、手をこまねいて、見ているしかない状態であった。

「このままでは日本は共産主義国家になるのではないか」。そう危機感を持つ人は、旧軍人など「この国を守る」思いの強い人ほど多く、とくに労働争議で、コテンパンにやられた豊作の周辺にはそのような空気も強かったのだ。

常に「国を想い」「国のために働く人を守る」ことが生きる姿勢であった豊作である。国の赤化を阻み、そのために何らかの運動をしようとしている人たちの叫びを聞き、その訴えのままに手を差し伸べることがあったとしても、不思議ではない。

しかし、「当時」という異常な空気を吸った者でしか分かり得ないことだってあるのだ。「今」を生きる私たちが五十年以上遡って、軽々に歴史の審判をすることは避けなければならないが、それゆえに、豊作が全ての汚名を背負い、「罪人」として、いつまでも扱われていることにも疑問を持たざるを得ないのである。

また、この事件には「自衛隊が関与した」と囁かれており、実際に、陸軍士官学校五十一期出身で、戦後の一時期、川南工業に所属したこともある高森信雄二佐が参考人として調べられたが、罪には問われていない。

実際に、この時、事件に関与したといわれる人たちの中には、陸軍士官学校出身者や川南工業関係者、またはかつて川南工業に所属した者が多かったのは事実である。彼らと同じような経歴の者、つまり、かつての同期生たちが自衛隊には多く存在し、彼らと酒を飲んだり、交流があったとしてもなんら疑問はない。だがその点が、「三無事件には自衛隊が関与」と言われ続ける要因の一つでもある。

この「三無事件」と自衛隊との関係については、事件として摘発される半年ほど前の昭和三十六年六月、読売新聞に『自衛隊クーデター説流れる』というコラムが載ったことがあった。これはUPI・東京発の記事『日本政府の内外の信頼すべき筋は五日、陸上自衛隊青年将校十二人による池田内閣打倒クーデター計画を発見したと述べた』を受けたものであった。コラムでは『内閣や外務省などは防衛庁に真偽を確かめ、「異常なし」の声明を世界中に打電した』とある。

この頃からすでに「自衛隊がクーデター計画に関与する」という情報が流布されており、「三無事件」＝「自衛隊関与」というイメージが作られていたようなのだ。当時の国防政策の不備に、不満をもっているとみられた自衛隊の感情を利用した、巧みな「工作」と、私の目には映るのだが、真実のほどは分からない。

とにかく、その頃から警察は、旧軍人や旧軍人と関係の深い川南関係者を徹底的にマークしていた。捜査には盗聴などの手段もとられたと言われ、厳重な監視が敷かれていたのだ。同じ年、韓国で朴正熙によるクーデターが起きていることもあり、過敏になっていたことは否めない。

しかし、これだけの捜査網を敷いていたわけである、もし「クーデターが起きなかったら」、また「クーデター計画などなかった」としたらどうなるのだろう。それは、当時捜査にあたった関係者が最も恐れた結末なのでは……と思うのは考え過ぎであろうか。ともかくも「三無事件」は「起きた」のだ。

事件の翌日、十二月十三日の朝日新聞には、「三無事件」の報道の中に、『生き残る暗い精神　旧職業軍人のごく一部　自衛隊関係者ナンセンスと一笑』という見出しがある。

自衛隊が関与していないまでも、この見出しには些か後味の悪い印象を持つ。こんな話を聞いたからだ。

元空将補の倉林和男は、当時、三等空佐として航空幕僚監部の調査課に勤務していた。「三無事件」の報を受け、空幕では「いっさい関与してはならない」といった趣旨の声明を出すことになり、倉林三佐はその書面を、課長から部長へあげ、最後に空幕長である源田実のもとへ持って行った。

源田はその書面に目を通すと、一瞬、「鷲の目になった」と、倉林は言う。

倉林は、平素から源田と言葉を交わす機会も多く、「鷲の目をして睨む」のは、いわば源田の癖のようなもので、何か報告を受けると、必ず「鷲の目」で倉林を睨み、その後すぐにニヤっと笑うのが常だったという。

しかし、この日は違った。「鷲の目」になったまま、叩きつけるような勢いで、書類にハンコを押した。無言のやりとりの中、ハンコを押す鈍い音だけが、倉林の耳に残った。それは、憤りなのか、悔しさなのかは分からない。二人の間にはただ沈黙だけがあった。

彼ら、いや、全ての自衛官がとは言わないが、少なくとも源田と倉林の二人は、「ナンセンスと一笑」に付す人たちには該当しなかった。

否《いな》、ほとんどの自衛官が当時、この事件を、とても笑い飛ばすことなどできなかったのではないかと想像する。中でも源田は「世直し」に最も積極的だった人物のはずである。

その後、源田は選挙を通して、参議院議員となり、政治家として、政治刷新を目指している。

自身が「革命」による政治刷新に同調したとなれば、政治生命に関わる大問題である。源田は政治家の道を選んだのだ。

「いっさい関与してはならない」

書面にハンコを押し付けたこの時、「世直し」を語り合った恩人である豊作や、第三四三海軍航空隊の時代から可愛がっていた部下の顔が、その脳裏に去来したのであろうか。顔をあげるまでの時間が長かったように、倉林は記憶しているという。

なお、事件に関与した源田の元部下は、同事件で破防法違反により起訴され、懲役一年六カ月の刑を言い渡されている。

田形は言う。

「三無事件？　あれは……夢ですね、架空の事件に過ぎないですよ」

日本をなんとかしなければならない、という豊作の強い想いが、騒ぎを引き起こしてしまった。

川南豊作という社会的存在、立場の大きさから、その責任は厳しく問われた。それだけのことである、と。

この事件に関与した者の多くは、戦前から戦中の時期を生き、子供の頃から「お国のために生き」「お国のために死ぬ」それだけを考えて生きてきた。

しかし、昭和二十年八月十五日を境に、周りの日本人が口々に「自由」だ「権利」だと言うようになり、「お国のため」などと言う者は謗《そし》られる世の中に変わった。

戦場から戻った軍人は、故郷に帰ってもまともな出迎えもなく、職もなかった。運転手、修理工、警備員……、仕事にありつけるだけでもまだよかった。七年の占領下、沸き起こる労働争議、そんな風景を横目に、彼らはその忸怩《じくじ》たる想いを、どこにぶつければよかったのであろう。

「三無事件」が起きた昭和三十六年、豊作が生みの親である「宗谷」は、最後の南極観測へ向かっていた。国民の絶大な声援を浴びて「宗谷」は日本のために尽くし続けた。真面目すぎる生涯である。

それは豊作も同じだった。豊作は酒も煙草も嗜《たしな》まない、浮気もしたことがない、「派手なことばかりする事業主」にしては「馬鹿」がつくほど生活ぶりは真面目であったという。十二年も閉鎖されている鉄工所の警備をし続けた吉田老守衛も、豊作も、「宗谷」も皆、同じように日本人の模範を、自らの身をもって示していたのだ。

「お国のために」尽くした人たちの志も、壮絶な想いも、日々、激しくその姿を変える街にいれば、もはや古い街の姿と共に、忘却の彼方へ消え去るのみである。

私はふと、「宗谷」が係留されているお台場の海に目を遣った。そういえば、海は、私が子供の頃から同じ海である。海には忘却が許されないのだ。

「生」も「死」も、「嘘」も「真」も、「善」も「悪」もこの海は見つめてきた。全て知っているのだ。だからこそ、海は怖い。私は気がついた。あの頃の漠然とした恐怖感は、見えない大きなものへの「畏《おそ》れ」の気持ちだったのだ。

海で果てた者、日本人の失われた魂、さまざまな事々を海は記憶している。

そして、「宗谷」はそれらを守るかのように今日も、静かに波に揺られているのである。

「宗谷」関連年表

昭和11年 3月18日	豊作、香焼島の廃工場を視察
9月27日	川南工業を設立
13年 2月16日	「ボロチャエベツ」(のちの「宗谷」)進水
7月15日	「地領丸」(のちの「宗谷」)初航海へ
14年11月	海軍籍となり「宗谷」へ改称
15年 6月 4日	特務艦「宗谷」完成
9月15日	横須賀鎮守府付となる
10月11日	紀元2600年記念観艦式に参加
11月	初の遠洋航海へ
16年12月29日	開戦に伴い南方へ向け出港
17年 1月21日	連合艦隊第4艦隊に編入
3月 8日	第1次ソロモン群島方面攻略作戦に参加
8月	ガダルカナル逆上陸作戦のためラバウルを出港
8月	第8艦隊附属測量艦となる
18年 1月28日	潜水艦の攻撃を受け、魚雷1発被弾
7月19日	ラバウル方面行きの輸送船団指揮艦となる
19年 2月 1日	連合艦隊付となる
2月17日	トラック島空襲
20年 2月	特攻輸送任務につく
6月24日	工作器材輸送のため満洲へ向かう
26日	三陸沖で、敵潜水艦の攻撃を受ける
8月 1日	横須賀で空襲を受ける
8月15日	室蘭にて終戦を迎える
8月29日	軍旗奉焼式
8月30日	米軍に引き渡される
10月 1日	日本に返還され、船舶運営会所属となる
10月 7日	引揚船としてヤップ島へ向かう
23年11月 6日	最後の引揚輸送を終える
24年12月12日	海上保安庁へ移籍
25年 4月 1日	灯台補給船の業務につく
29年12月	復帰直前の奄美大島に現金を輸送
30年 7月	第1回南極会議
11月 4日	南極観測参加を閣議決定
12月24日	灯台補給船、解役
31年 3月12日	南極観測船への改造着工
10月17日	竣工
11月 8日	第1次観測隊を乗せて南極へ出港
37年 4月	南極観測船、解役
8月 1日	巡視船として、北洋の海難救助任務に従事
53年10月 2日	巡視船、解役式
54年 5月	船の科学館にて展示

参考文献・資料

「船の科学館資料ガイド3　宗谷」（船の科学館）
「わが海の故郷―回想、宗谷　四十年」（宗谷記念会）
「革命」（大野芳　祥伝社）
「南極観測事始め」（永田武　光風社選書）
「我が人生―全照射の波の華」（松本菊次郎　私家版）
「『宗谷』の想い出　栄光と挫折、そして再起」（三田安則　私家版）
「永久保存艦　軍艦宗谷」（宗谷会　私家版）
「宗谷の想い出」（宗谷を偲ぶ会　私家版）
「近代日本の七つの戦争」（浜春輝　稲穂堂）
「川南豊作自傳」（川南豊作　私家版）
「戦闘日誌」（椛島千蔵　私家版）
「想ひ出負傷病院生活」（八田信男　私家版）
「親心」（土井申二　私家版）
「明治大正スクラッチノイズ」（柳澤慎一　文芸社）
「回想　引揚げ船　宗谷」（中澤松太郎　私家版）
「私の青春」（荻原雅隆　私家版）
「海鳴りの日々」（大久保武雄　海洋問題研究会）
読売新聞縮刷版（昭和36年12月12日夕刊　13日朝刊）
毎日新聞縮刷版（昭和36年12月12日夕刊　13日朝刊）
朝日新聞縮刷版（昭和36年12月12日夕刊　13日朝刊）

写真提供

船の科学館
小樽市博物館
三宅教雄
山田健雄
田形竹尾

ご協力頂いた方々・団体

飯沼一雄、由井克己、由井幸子、三田安則、中澤松太郎、徳永陽一郎、西源造、新井章義、乳井邦夫、八田信男、並河潔、押尾勝男、倉林和男、福田幸太郎、萩原雅隆

大日本水産会
海洋水産システム協会
全日本海員組合本部
日本文化チャンネル桜
防衛庁海上幕僚監部広報室
防衛庁陸上幕僚監部広報室
海上保安庁

あとがき

私に「宗谷」の本を書かせたのは酒場で出会った一人の男性だった。

「宗谷」に興味を持ち、いろいろな人に想い出話を聞いてはいたものの、本を書くなど、私のような者にできる業ではないと、はなから思いもよらぬことであった。

ある晩、その人は一人で飲んでいた。ロックグラスにウイスキーをなみなみと注ぐと、「パリッ」という音がし、余韻が耳に残る。これは南極の氷だという。持参した氷なので、私にもそれで一杯と勧められたが、そんな強いお酒を飲めない私は、その氷の音だけ隣で楽しませてもらった。

ちょうど、海上自衛隊の砕氷艦「しらせ」が東京に戻ってきた頃だったから、海上自衛隊にゆかりの人なのだろうか、それとも南極から戻ったばかりの関係者？　いろいろと思いを巡らせたが、なんの手掛りもない。聞いたのは、ただ南極の氷の溶ける音だけだった。

「そうだ、『宗谷』の本を書いて、再会しよう!」

そう決心したものの、話しかける「きっかけ作り」は、簡単なことではなかった。月日はどんどん過ぎてゆく。やっぱりだめかな……。

そう諦めかけたとき、仕事先の放送局におられ、会えばいつも挨拶を交わしていた田形竹尾氏が、「宗谷」の生みの親、川南豊作氏の側近であったということが偶然に分かったのだ。灯台下暗しとはこのこと、大きなヒントが近くに眠っていたのだった。すると不思議なことに、「宗谷」に関する材料が向こうから次々に飛び込んでくる。まるで「書いて」と言わんばかりではないか。私は当初の不純な動機も忘れ、何だか分からない使命感に駆られて突き進んだ。

資料も証言者も少なくなっている中で、こうして「宗谷」の生涯をまとめることができたのは、ひとえに今まで「宗谷」について調査し、残して下さった関係者の方のご努力があってこそで、私は、皆様が残してくれた財産を、自分なりにつなぎ合わせたに過ぎない。

しかし、でき上がってみると、これが単に「宗谷」というひとつの船の話にとどまらず、「日本のお父さんたちの昭和史」であることに気づいた。平成というこの時代に綴ることは、昭和という激動の時代、それを支えた「お父さんたち」を見直す上でも意義深いことであった。

昨今は昭和三十年代ブームだと言われている。なぜ今、五十年前に回帰し、憧れを持つのか。まさにその頃、第二の青春を燃やしていた「宗谷」の生き方から、その答えを窺い知ることができたようにも思える。

私たちはあの頃のような純粋な心を取り戻せるのだろうか。この平成という時代に問いかけて、筆を置きたいと思う。

あの夜、南極の氷と出会って、早や数年が経った。その間、かけがいのないさまざまな人との出会いがあり、支えて頂いた。そのお一人お一人に、心より感謝申し上げたい。

あの氷の主にもお礼を言いに、これから探しに行くつもりだ。

桜林美佐（さくらばやし・みさ）
昭和45年、東京都生まれ。日本大学芸術学部放送学科卒業後、情報番組（ＴＶ埼玉）のアシスタントオーディションに合格し、平成４年よりフリーアナウンサーとして始動。平成８年、番組ディレクターとして活動の場を広げ、ＴＢＳ「はなまるマーケット」等の番組を制作。平成13年、経済ニュース番組（三重ＴＶ）キャスターに選ばれ、再びカメラの前へ。現在はキャスター、ナレーターとして、また放送作家としても活動する一方、国のために戦う人々の姿を描いた自作の創作朗読ライブ「ひとり語りの会」を展開中。特技は乗馬。大学時代に障害飛越競技に出場。
http://www.geocities.jp/misakura2666/

奇跡《きせき》の船《ふね》「宗谷《そうや》」
—昭和を走り続けた海の守り神—

2006年11月８日　１刷
2006年11月25日　２刷

著　者　桜林美佐
発行者　奈須田若仁
発行所　並木書房
〒104-0061東京都中央区銀座1-4-6
電話(03)3561-7062　fax(03)3561-7097
www.namiki-shobo.co.jp
印刷製本　シナノ印刷

ISBN4-89063-206-9